Aurélien Bajolet

Aspects numériques de l'analyse diophantienne

Aurélien Bajolet

Aspects numériques de l'analyse diophantienne
Points entiers sur les courbes modulaires

Presses Académiques Francophones

Impressum / Mentions légales
Bibliografische Information der Deutschen Nationalbibliothek: Die Deutsche Nationalbibliothek verzeichnet diese Publikation in der Deutschen Nationalbibliografie; detaillierte bibliografische Daten sind im Internet über http://dnb.d-nb.de abrufbar.
Alle in diesem Buch genannten Marken und Produktnamen unterliegen warenzeichen-, marken- oder patentrechtlichem Schutz bzw. sind Warenzeichen oder eingetragene Warenzeichen der jeweiligen Inhaber. Die Wiedergabe von Marken, Produktnamen, Gebrauchsnamen, Handelsnamen, Warenbezeichnungen u.s.w. in diesem Werk berechtigt auch ohne besondere Kennzeichnung nicht zu der Annahme, dass solche Namen im Sinne der Warenzeichen- und Markenschutzgesetzgebung als frei zu betrachten wären und daher von jedermann benutzt werden dürften.

Information bibliographique publiée par la Deutsche Nationalbibliothek: La Deutsche Nationalbibliothek inscrit cette publication à la Deutsche Nationalbibliografie; des données bibliographiques détaillées sont disponibles sur internet à l'adresse http://dnb.d-nb.de.
Toutes marques et noms de produits mentionnés dans ce livre demeurent sous la protection des marques, des marques déposées et des brevets, et sont des marques ou des marques déposées de leurs détenteurs respectifs. L'utilisation des marques, noms de produits, noms communs, noms commerciaux, descriptions de produits, etc. même sans qu'ils soient mentionnés de façon particulière dans ce livre ne signifie en aucune façon que ces noms peuvent être utilisés sans restriction à l'égard de la législation pour la protection des marques et des marques déposées et pourraient donc être utilisés par quiconque.

Coverbild / Photo de couverture: www.ingimage.com

Verlag / Editeur:
Presses Académiques Francophones
ist ein Imprint der / est une marque déposée de
OmniScriptum GmbH & Co. KG
Heinrich-Böcking-Str. 6-8, 66121 Saarbrücken, Deutschland / Allemagne
Email: info@presses-academiques.com

Herstellung: siehe letzte Seite /
Impression: voir la dernière page
ISBN: 978-3-8381-7968-1

Copyright / Droit d'auteur © 2013 OmniScriptum GmbH & Co. KG
Alle Rechte vorbehalten. / Tous droits réservés. Saarbrücken 2013

Aspects numériques de l'analyse diophantienne

Aurélien BAJOLET
dirigée par Yuri BILU

Institut de Mathématiques de Bordeaux
351, cours de la Libération
F 33405 TALENCE cedex

TABLE DES MATIÈRES

Table des figures   7

Remerciements   9

Introduction   13

1 Courbes modulaires   **21**
  1.1 Prérequis à l'étude des courbes modulaires 21
      1.1.1 Introduction 22
      1.1.2 Formes modulaires 24
      1.1.3 Les courbes modulaires 26
      1.1.4 Un autre point de vue sur les courbes modulaires . . . 31
      1.1.5 De $X(N)$ à X_H 35
  1.2 La courbe modulaire $X_{\mathrm{ns}}^+(p)$ 37
      1.2.1 Sous-groupes de Cartan non déployés et leurs normalisateurs 38
      1.2.2 La courbe modulaire $X_{ns}^+(p)$ 39

2 Points entiers sur la courbe $X_{\mathrm{ns}}^+(p)$ **47**
  2.1 Interprétation modulaire des points entiers et première remarque 48
  2.2 Fonctions de Siegel 50
      2.2.1 Définitions 50
      2.2.2 Unités modulaires sur $X(p)$ 54
  2.3 Unités modulaires sur $X_{ns}^+(p)$ 55

           2.3.1   Construction d'unités modulaires 55
           2.3.2   Une unité modulaire spéciale 58
    2.4 Étude asymptotique des unités modulaires 65
           2.4.1   Diviseurs des unités modulaires 65
           2.4.2   Développement asymptotique des unités modulaires . . 66
    2.5 Borne de Baker 69
           2.5.1   Préliminaires 69
           2.5.2   Forme linéaire de logarithmes et majoration 71
           2.5.3   Théorie et Borne de Baker 73
    2.6 Borne pour j 75
           2.6.1   Majoration de m 76
           2.6.2   Calcul de A_k pour $k = 1, \ldots, d-1$ 77
           2.6.3   Calcul sur η_0 79
           2.6.4   Calcul de A_d 79
           2.6.5   Conclusion 80
           2.6.6   Le cas $\Lambda = 0$ 82

3 Recherche explicite des points entiers sur $X_{\mathrm{ns}}^+(p)$ **89**
    3.1 Réduction 89
           3.1.1   Réduction avec un système d'unités fondamental . . . 90
           3.1.2   Réduction avec un système d'unités de rang maximal . 94
    3.2 Enumération 98
           3.2.1   Énumération des solutions 98
           3.2.2   Vérification des solutions potentielles 105
    3.3 Algorithme de recherche des points entiers sur $X_{ns}^+(p)$ 108
           3.3.1   Algorithme et commentaire 108
    3.4 Exemples numériques 111
           3.4.1   Points entiers sur $X_{\mathrm{ns}}^+(7)$ 111
           3.4.2   Points entiers sur $X_{\mathrm{ns}}^+(11)$ 112
           3.4.3   Points entiers sur $X_{\mathrm{ns}}^+(13)$ 113
           3.4.4   Points entiers sur $X_{\mathrm{ns}}^+(p)$ avec $17 \leq p \leq 67$ 114

4 Points de multiplication complexe sur les droites   **115**
    4.1 Introduction 115

4.2	Préliminaires	117
4.3	Réduction à une forme linéaire de logarithmes	120
4.4	Forme linéaire de logarithmes et théorie de Baker	125
4.5	Réduction de la borne de Baker	128
4.6	Enumération	131
4.7	Vérification	133
4.8	Algorithme et Calculs	134

Bibliographie   **139**

TABLE DES FIGURES

1.1 Le domaine fondamental standard 22
1.2 Domaine fondamental de $X_{\mathrm{ns}}^{+}(7)$ 44

2.1 $j(P) \in \mathbb{R}$ 49
2.2 Extensions de corps de fonctions des courbes modulaires . . . 64

Remerciements

Ce texte est issue de ma thèse, préparée et soutenue à l'université Bordeaux I le 7 décembre 2012.

Tout d'abord je remercie Yuri Bilu, mon directeur de thèse, pour ces trois années passées à me guider. Sa grande disponibilité et son soutien m'ont été précieux. Sa grande culture mathématique, ainsi que sa vision m'ont permis de mieux appréhender les problèmes auxquels je me suis intéressé.

David Kohel et Peter Stevenhagen ont accepté le difficile travail de rapporteur. Je les remercie pour leurs remarques et la minutie avec laquelle ils ont fait ce travail.

Je remercie Andreas Enge, Guillaume Ricotta et David Sinnou d'avoir accepté de faire parti du jury.

J'en viens maintenant au soutien quotidien de mes collègues doctorants au cours de ces trois années. Je m'excuse par avance si j'en oublie. Merci à Nicolas alias Assistance Latex, je lui souhaite beaucoup de réussite dans la suite de sa carrière. Pierre L. mon amis geek Pierre C. de Lourdes, Jean-Matthieu et sa clé usb, aux italiens en premier lieu Nicola qui aura été un formidable co-bureau, Giovanni, Alberto, la bande des pronostiqueurs (Diomba,Bruno, ...).

Je remercie mes vieux amis (Julien, Pierre, Maxime ...) qui au cours de ces années m'ont permis de me changer les idées.

Merci à ma famille et plus particulièrement à ma mère qui pendant toutes ces années à su faire de nous ce que nous sommes, je n'en serai pas là sans elle.

Merci à Hélèna pour les heures passées à me relire.

Enfin, je remercie infiniment mon épouse Sophie qui au cours de ces années a été un soutien indéfectible et a su me remonter le moral dans les moments de doute. Elle a su créer autour de moi une atmosphère de travail et a du quelques fois se sacrifier pour moi.

Merci enfin aux éditions presses académiques francophones de m'avoir permis de diffuser ma thèse.

*À mon père,
À mon fils.*

INTRODUCTION

Une équation diophantienne est une équation dont les coefficients sont des entiers dont on cherche les solutions entières. On étend parfois la définition aux solutions rationnelles. Historiquement, les équations diophantiennes trouvent leur source dans la Grèce antique.

Au cours des siècles, la résolution des équations diophantiennes a motivé un grand nombre de mathématiciens. Leurs études ont fourni de nombreux développement dans la théorie des nombres, la géométrie, la géométrie algébrique...

L'exemple le plus fascinant est sans nul doute l'équation de Fermat. Au XVII ème siècle, P. Fermat conjecture que l'équation

$$x^n + y^n = z^n, \quad n \geq 3,$$

n'a pas de solutions non triviales. La résolution complète de ce problème a occupé les plus grands mathématiciens pendant plus de trois siècles, et a contribué à développer de nombreuses théories telles que la théorie des corps de nombres, des courbes elliptiques, des courbes modulaires ...

En cherchant à résoudre les équations diophantiennes on est amené à introduire d'autres objets mathématiques. Par exemple lors de l'étude des équations de Pell-Fermat $x^2 - Ny^2 = \pm 1$, on peut introduire le corps de nombre $\mathbb{Q}(\sqrt{N})$, et les solutions de l'équation sont les unités de ce corps de nombres.

Dans d'autres cas, on peut considérer la courbe associée à l'équation. En effet lorsque l'équation est polynomiale, elle définit une courbe algébrique dont les propriétés peuvent permettre de résoudre l'équation de départ. Dans cette direction, le Théorème de Siegel nous permet d'obtenir la finitude du nombre de solution d'une équation Diophantienne en fonction des invariants géométriques de la courbe associée.

On appelle alors problème diophantien dans un sens plus large, la recherche des points entiers ou rationnels sur des courbes algébriques. On étendra encore un peu plus la définition, en cherchant des points "spéciaux" sur les courbes algébriques.

Dans cette situation, le théorème de Siegel nous offre un point de départ permettant a priori de décider du nombre (fini ou infini) de solutions. Lorsque le théorème de Siegel assure la finitude du nombre de solution, on s'intéresse à la recherche de ces solutions. Malheureusement, le théorème de Siegel n'est pas effectif et nous permet pas de conclure.

La recherche d'une méthode permettant de trouver explicitement les solutions d'une équation diophantienne était le neuvième problème que D. Hilbert a posé au début du XX ème siècle. En 1970, Yu. Matiassevitch répond négativement à ce problème et démontre l'impossibilité de trouver un algorithme permettant de résoudre toutes les équations diophantiennes. Ce théorème ferme la porte à une étude des équations diophantiennes en toute généralité, mais laisse la possibilité d'une étude spécifique à chaque situation.

Dans cette thèse nous allons étudier deux problèmes diophantiens distincts. Le premier concerne les points entiers d'une classe de courbe modulaire et le second concerne les points de multiplication complexe sur les droites

Courbe modulaire

Sans rentrer dans les détails, une courbe modulaire peut être vue comme le quotient du demi-plan de Poincaré, formé des nombres complexes de partie imaginaire strictement positive par un sous groupe du groupe modulaire.

Les courbes modulaires sont des surfaces de Riemann et par suite des courbes algébriques complexes. Elles sont en fait, définies sur des corps cyclotomiques. Les équations polynomiales définissant les courbes modulaires sont souvent très compliquées, et la recherche des points entiers via la résolution d'équation diophantienne est alors vaine.

D'un point de vue algébrique, les courbes modulaires paramètrisent les courbes elliptiques ayant une certaine structure. Par exemple, chaque point complexe de $X(1) = \mathrm{SL}_2(\mathbb{Z})$ correspond à une classe d'isomorphisme de courbes elliptiques.

Dans cette thèse nous nous intéresserons plus précisément aux courbes modulaires associées aux normalisateurs de Cartan non déployé, noté $X_{\mathrm{ns}}^+(p)$ où p est un nombre premier. Les principaux résultats connus jusqu'ici concerne les cas $p = 5$ [Ch99], $p = 7$ [Ke85] et $p = 11$ [ST12]. Dans les deux premiers cas les auteurs trouvent une paramétrisation des solutions en utilisant le genre 0 de la courbe et en déduisent les points entiers. Dans le troisième article, la courbe est de genre 1 et la méthode précédente ne fonctionne plus. Les auteurs établissent un isomorphisme exceptionnel entre $X_{\mathrm{ns}}^+(11)$ et une courbe elliptique. Dans tous les cas, les méthodes utilisées se généralisent mal, et n'ouvrent pas la voie à une étude systématique.

Nous présenterons une méthode algorithmique, permettant de trouver tous les points entiers de ces courbes. La méthode décrite ici, nous a d'ores et déjà, permis de traiter les cas $7 \leq p \leq 71$.

Multiplication complexe

Le deuxième problème que nous étudierons concerne les points de multiplication complexe. Étant donnée une courbe $\mathcal{C}$ affine plane complexe, on cherche les points de $\mathcal{C}$ s'écrivant $(j(\tau), j(\tau'))$, où τ et τ' sont des nombres quadratiques imaginaires et j est l'invariant modulaire. On appelle de tels points des points de multiplication complexe.

Un cas particulier de la conjecture de André-Oort, démontré par Y. André lui-même assure que si $\mathcal{C}$ est bien choisie (n'est ni une droite verticale, ni une droite horizontale, ni une certaine classe de courbe modulaire) alors $\mathcal{C}$ n'a qu'un nombre fini de points de multiplication complexe.

Le résultat de Y. André, établit la finitude de solution mais n'établit aucune borne sur les solutions. Nous nous proposons dans cette thèse d'établir une méthode algorithmique de recherche des points de multiplications complexes sur les droites complexes.

Pour étudier ces deux problèmes nous allons combiner deux types de méthodes. D'un côté la théorie de Baker sur les formes linéaires en logarithmes. D'un autre côté les méthodes d'approximation diophantienne effectives. Nous expliquons ces méthodes dans les grandes lignes ci-dessous.

Théorie de Baker

Une forme linéaire en logarithmes est une quantité Λ :

$$\Lambda = \sum_{i=1}^{n} \beta_i \log \alpha_i,$$

où les α_i sont des nombres algébriques et $\beta_i \in \mathbb{Z}$. La théorie de Baker, qui a valu la Médaille Fields à son auteur en 1970, dit que si une telle forme est non nulle alors elle ne peut être trop petite. Les résultats de Baker permettent de minorer explicitement Λ, en fonction des nombres β_i.

Depuis les années 60, ce théorème a été amélioré plusieurs fois. Dans cette thèse nous utiliserons le résultat de Matveev [Ma00] qui offre une borne optimisée dans notre cas et le théorème de Waldschmidt [Wa00] qui permet d'étendre le résultat au cas où les nombres β_i sont algébriques.

La méthode générale pour la résolution des équations diophantiennes par la méthode de Baker, est de construire à partir des solutions de l'équation un élément λ proche de 1 et appartenant à un sous groupe multiplicatif de $\mathbb{C}$. Dès lors, en prenant $\Lambda = \log \lambda$, on obtiendra une petite forme linéaire en logarithmes. Typiquement, les relations recherchées sont

$$|\Lambda| = O\left(e^{-C \max |\beta_i|}\right).$$

Dans nos situations précises on obtiendra les formes linéaires de deux manières différentes. Dans le cas des courbes modulaires, nous construirons à partir d'un point entier P, une fonction modulaire vérifiant $U(P)$ proche de 1 et telle que $U(P)$ soit une unité d'un sous-corps de corps cyclotomique. Dans le cas des points de multiplication complexe nous utiliserons directement les propriétés de la fonction j pour obtenir une forme linéaire en deux logarithmes.

Cette méthode permet de montrer des résultats de finitude effective du nombre de solution, en bornant explicitement celle-ci. En règle générale, on obtient des bornes très grandes (de l'ordre de 10^{50} pour $\max b_i$) qui laissent un grand nombre de cas à traiter, rendant impossible l'énumération de tous les cas possibles.

Les résultats de Baker et ceux qui suivirent ont les défauts de leurs qualités. En effet, ces résultats sont très généraux et englobent, de fait, des situations défavorables. Ceci explique, en partie, la grandeur de la borne trouvée. Pour pallier ce problème nous allons utiliser des arguments d'approximation diophantienne effective.

Approximation Diophantienne

De manière générale l'approximation diophantienne consiste à approcher un nombre réel par un nombre rationnel. On distingue deux types d'approximation, d'un côté les résultats théoriques, comme par exemple le théorème de Dirichlet assurant que pour tout réel x et pour tout réel $Q > 1$ il existe un rationnel p/q tel que

$$\left| x - \frac{p}{q} \right| \leq \frac{1}{qQ} \quad \text{avec } q \leq Q.$$

D'autres résultats, comme le théorème de Roth [Ro55] assure que l'équation ci-dessus est quasi-optimale dans le cas des nombres algébriques. Plus précisément, si x est un nombre algébrique de degré ≥ 2 on a

$$\left| x - \frac{p}{q} \right| > C_{x,\varepsilon} \frac{1}{q^{2+\varepsilon}}.$$

Une autre approche consiste à chercher explicitement le nombre rationnel vérifiant la première inégalité. Dans ce cadre le principal outil pratique est l'algorithme des fractions continues.

Revenons à notre problème initial, ici on oublie les logarithmes, on a alors de manière générale

$$|\beta_1 x_1 + \cdots + \beta_n x_n| = O\left(e^{-C \max |\beta_i|}\right), \quad \beta_i \in \mathbb{Z} \text{ et } x_i \in \mathbb{R}.$$

De plus la méthode de Baker nous a permis de majorer $\max \beta_i$ par une constante explicite $\mathcal{B}_0$. Dans le cas où $n = 2$, on a alors

$$\left| \frac{\beta_1}{\beta_2} - \alpha \right| = O\left(e^{-C \max |\beta_i|}\right),$$

où $\alpha \in \mathbb{R}$. Les fractions continues permettent alors de trouver rapidement la fraction de dénominateur inférieur à $\mathcal{B}_0$ minimisant le terme de gauche. En comparant avec le terme de droite on trouve ainsi une nouvelle borne. Historiquement cette idée est due à A. Baker et H. Davenport dans [BD69].

Lorsque n est supérieur à trois cette méthode ne s'applique plus. En effet, les fractions continues permettent d'approcher un seul nombre réel ; or dans le cas général, il faut approcher n nombres réels simultanément. La méthode de Baker pour la résolution des équations diophantiennes connait alors un ralentissement jusqu'à la découverte de l'algorithme LLL. Cette algorithme permet, entre autres, de trouver le "presque" plus petit vecteur d'un réseau. En l'appliquant à un réseau judicieusement choisi, B.M.M. De Weger et N. Tzanakis dans [TW89] franchisse une étape et permettent de réduire la borne de Baker dans le cas général pour résoudre effectivement les équations de Thue. Leur méthode a ensuite été raffiné par M. Mignotte et B.M.M. De Weger [MW96], puis par B.M.M. De Weger et M. Bennett [BW98]. Enfin dans [BH96] Yu. Bilu et G. Hanrot montrent que dans le cas des équations de Thue le recours à l'algorithme LLL n'était finalement pas nécessaire. Dans cette thèse nous exploiterons leurs idées pour les courbes modulaires.

Ces techniques d'approximations s'avèrent très efficaces et permettent d'obtenir une borne autorisant une énumération systématique de toutes les solutions.

La thèse se découpe en deux parties indépendantes. La première partie composée des trois premiers chapitres étudie les points entiers de la courbe modulaire $X_{\mathrm{ns}}^+(p)$. Nous commencerons par introduire les courbes modulaires dans un premier chapitre. Dans le second chapitre, nous entamerons une étude plus spécifique à notre situation et concluons par une borne théorique sur les solutions. Enfin dans un troisième chapitre, nous cherchons explicitement toutes les solutions à notre problème. Dans la deuxième partie, composée du quatrième chapitre, nous étudions les points de multiplication complexe sur les droites. Dans les deux cas, de nombreux exemples numériques viendront illustrer nos méthodes.

Les résultats de cette thèse seront publiés dans les articles suivant :

1. Bounding j-invariants of integral points on $X_{\mathrm{ns}}^+(p)$, A. BAJOLET, M. SHA, *arXiv :1203.1187v1. soumis.*

2. Finding integral points on $X_{\mathrm{ns}}^+(p)$, A. BAJOLET, YU. BILU.

3. Finding singular moduli on a complex line, A. BAJOLET (soumis).

CHAPITRE 1
COURBES MODULAIRES

1.1 Prérequis à l'étude des courbes modulaires

Dans cette partie, on expose les prérequis à l'étude des points entiers sur la courbe $X_{\mathrm{ns}}^+(p)$. En particulier on définit les courbes modulaires, en introduisant tous les invariants nécessaires à leurs études. En général les démonstrations ne seront pas données. On peut les trouver dans de nombreux ouvrages traitant le sujet comme par exemple : [DS05] ou [Sh71]. Nous allons commencer par introduire la notion de courbe modulaire, de manière géométrique, via l'action d'un groupe sur le demi-plan de Poincaré. Les propriétés de l'action de groupe permettront de munir l'ensemble des orbites, d'une structure de surface de Riemann. Ce sera l'occasion de rappeler les principales notions liées aux surfaces de Riemann (genre, ramification, ...). De telles surfaces ont des propriétés algébriques, le théorème de Riemann assure qu'elles sont des variétés algébriques définies sur $\mathbb{C}$. C'est-à-dire définies par les zéros d'une famille de polynômes homogènes complexes de degré 2. Les courbes modulaires ont la propriété plus forte d'être définies sur les corps cyclotomiques, ouvrant ainsi la voie à une étude arithmétique. Enfin, nous étudierons le lien étroit qu'il existe entre les courbes modulaires et les courbes elliptiques.

1.1.1 Introduction

Premières Définitions

Soit $\mathcal{H}$ le *demi-plan de Poincaré*, c'est-à-dire

$$\mathcal{H} = \{z \in \mathbb{C}, \mathrm{Im}(z) > 0\},$$

l'ensemble des nombres complexes de partie imaginaire strictement positive. Le groupe modulaire $\mathrm{SL}_2(\mathbb{Z})$, agit par homographie sur $\mathcal{H}$, via l'action :

$$\begin{pmatrix} a & b \\ c & d \end{pmatrix} \cdot z = \frac{az+b}{cz+d}.$$

On vérifie la stabilité de $\mathcal{H}$ sous l'action de $\mathrm{SL}_2(\mathbb{Z})$:

$$\forall z \in \mathcal{H}, \quad Im\left(\frac{az+b}{cz+d}\right) = \frac{Im(z)}{|cz+d|^2} > 0.$$

On peut alors définir un domaine fondamental pour l'action de $\mathrm{SL}_2(\mathbb{Z})$ sur $\mathcal{H}$, c'est-à-dire un sous ensemble $\mathcal{D}$ de $\mathcal{H}$ tel que toute orbite de $\mathrm{SL}_2(\mathbb{Z}) \backslash \mathcal{H}$ ait un unique représentant dans $\mathcal{D}$. Le *domaine fondamental standard*, noté $\mathcal{D}$ (cf. figure 1.1), désigne le sous ensemble de $\mathcal{H}$ défini par :

$$\mathcal{D} = \{z \in \mathcal{H}, -1/2 \leq \mathrm{Re}(z) < 1/2 \text{ et } |z| \geq 1\} \backslash \{z \in \mathcal{H}, |z| = 1 \text{ et } \mathrm{Re}(z) > 0\} \tag{1.1}$$

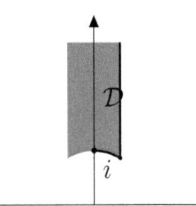

FIGURE 1.1 – Le domaine fondamental standard

L'ensemble $\mathrm{SL}_2(\mathbb{Z}) \backslash \mathcal{H}$ est le premier exemple de courbe modulaire, on la note $Y(1)$.

Topologiquement, on peut voir la courbe $Y(1)$ en identifiant d'une part les deux demi-droites verticales de $\mathcal{D}$ et d'autre part les deux arcs de cercle autour de i. On obtient ainsi une surface à laquelle il manque un point à l'infini pour être compacte. Si on ajoute ce point, on obtient une surface homéomorphe à la sphère de Riemann.

L'action s'étend facilement aux sous-groupes de $\mathrm{SL}_2(\mathbb{Z})$, en choisissant de "bons" sous-groupes, on construira des surfaces ayant de "bonnes" propriétés.

Le groupe modulaire

Dans cette partie nous étudions le groupe modulaire des matrices carrées de taille 2 a coefficients dans $\mathbb{Z}$ et de déterminant 1 noté communément $\mathrm{SL}_2(\mathbb{Z})$, ce groupe est engendré par deux éléments S et T :

$$S = \begin{pmatrix} 0 & -1 \\ 1 & 0 \end{pmatrix}, \quad T = \begin{pmatrix} 1 & 1 \\ 0 & 1 \end{pmatrix}.$$

Soit N un entier positif, on considère les sous-groupes de $\mathrm{SL}_2(\mathbb{Z})$ suivant :

$$\Gamma(N) = \{ M \in \Gamma(1) \mid M \equiv I_2 \pmod{N} \}.$$

$\Gamma(N)$ peut être vu comme le noyau du morphisme

$$\begin{aligned} \pi_N : \mathrm{SL}_2(\mathbb{Z}) &\longrightarrow \mathrm{SL}_2(\mathbb{Z}/N\mathbb{Z}) \\ M &\longrightarrow M \pmod{N} \end{aligned} \tag{1.2}$$

de sorte que $\Gamma(N)$ est un sous-groupe normal de $\mathrm{SL}_2(\mathbb{Z})$ d'indice

$$[\mathrm{SL}_2(\mathbb{Z}) : \Gamma(N)] = |\mathrm{SL}_2(\mathbb{Z}/N\mathbb{Z})| = N^3 \prod_{p \mid N} \left(1 - \frac{1}{p^2}\right).$$

On a l'égalité $\mathrm{SL}_2(\mathbb{Z}) = \Gamma(1)$.

Nous pouvons désormais définir les sous-groupes de congruence.

Définition 1.1. Soit Γ un sous-groupe de $\Gamma(1)$, on dira que Γ est *un sous-groupe de congruence de niveau N* s'il existe un entier N tel que $\Gamma(N) \subset \Gamma$. Le groupe $\Gamma(N)$ est appelé *sous-groupe principal de congruence de niveau N*.

Les sous-groupes de congruence sont d'indice fini et agissent par homographie sur $\mathcal{H}$.

Parmi ces sous-groupes, nous avons les exemples classiques :

$$\Gamma_0(N) = \left\{ \begin{pmatrix} a & b \\ c & d \end{pmatrix} \in \mathrm{SL}_2(\mathbb{Z}) \ \bigg| \ \begin{pmatrix} a & b \\ c & d \end{pmatrix} \equiv \begin{pmatrix} * & * \\ 0 & * \end{pmatrix} \pmod{N} \right\}$$

et
$$\Gamma_1(N) = \left\{ \begin{pmatrix} a & b \\ c & d \end{pmatrix} \in \mathrm{SL}_2(\mathbb{Z}) \ \Big| \ \begin{pmatrix} a & b \\ c & d \end{pmatrix} \equiv \begin{pmatrix} 1 & * \\ 0 & 1 \end{pmatrix} \pmod{N} \right\}.$$

Le groupe $\Gamma_0(N)$ est appelé *sous-groupe de Borel de niveau N*.

1.1.2 Formes modulaires

Dans cette partie, nous introduisons rapidement les notions de fonctions et de formes modulaires. En particulier, la fonction j, invariant modulaire, qui jouera un rôle singulier dans la suite.

Définition 1.2. Soit k un entier, Γ un sous-groupe de congruence de $\mathrm{SL}_2(\mathbb{Z})$, une fonction $f : \mathcal{H} \longrightarrow \mathbb{C}$ est une *forme modulaire de poids k par rapport à Γ* si

- f est holomorphe sur $\mathcal{H}$
- $f(\gamma(\tau)) = (c\tau + d)^k f(\tau)$ pour tout $\tau \in \mathcal{H}$ et tout $\gamma = \begin{pmatrix} a & b \\ c & d \end{pmatrix} \in \Gamma$.
- $\forall \gamma = \begin{pmatrix} a & b \\ c & d \end{pmatrix} \in \mathrm{SL}_2(\mathbb{Z})$, $(c\tau + d)^{-k} f(\gamma(\tau))$ est holomorphe à l'infini.

Il nous faut éclaircir le dernier point, et définir ce que l'on entend par holomorphe à l'infini. Tout d'abord une fonction vérifiant le deuxième point, vérifie pour un certain $T \in \mathbb{N}$

$$f(\tau + T) = f(\tau), \quad \forall \tau \in \mathcal{H}.$$

En effet, si $\Gamma(N)$ est un sous-groupe de Γ alors la matrice

$$\begin{pmatrix} 1 & N \\ 0 & 1 \end{pmatrix}$$

correspondant à la translation par N appartient à Γ.

De plus, l'application $q(\tau)$ définie sur $\mathcal{H}$ par $q(\tau) = e^{2i\pi\tau/T}$ envoie $\mathcal{H}$ sur le disque épointé $D^* = \{z \in \mathbb{C}^\times, |z| < 1\}$. La fonction g définie par $g(q) = f(\tau)$, est alors holomorphe sur D^*. On dira alors que f est holomorphe à l'infini si g s'étend holomorphiquement en 0. La fonction g a alors un développement en série de Laurent, faisant intervenir uniquement des puissances positives de q. On a ainsi défini l'holomorphie à l'infini pour une fonction vérifiant le deuxième point de 1.2. Or si f vérifie cette propriété il est facile de voir que la fonction $(c\tau + d)^{-k} f(\gamma(\tau))$ vérifie la même propriété pour le sous-groupe de congruence $\gamma^{-1}\Gamma\gamma$.

Dans la fin de cette partie, nous allons donner quelques exemples importants de forme modulaire. Soit k un entier, on définit les fonctions G_k sur $\mathcal{H}$ par

$$G_k(\tau) = \sum_{\mathbb{Z}^2 \setminus \{(0,0)\}} \frac{1}{(c\tau + d)^k}.$$

Les fonctions G_k sont des formes modulaires de poids k par rapport à $\Gamma(1)$. On définit alors trois autres fonctions dérivées de celles-ci :

$$g_2(\tau) = 60 G_4(\tau), \quad g_3(\tau) = 140 G_6(\tau) \quad \text{et} \quad \Delta(\tau) = (g_2(\tau))^3 - 27(g_3(\tau))^2.$$

La fonction Δ appelée *discriminant modulaire* est une forme modulaire de poids 12 par rapport à $\Gamma(1)$.

La fonction η de Dedekind peut être définie à partir de Δ :

$$\eta(\tau) = \frac{1}{2\pi} \Delta(\tau)^{1/12}. \tag{1.3}$$

Elle peut également être définie par un produit infini

$$\eta(\tau) = q^{1/24} \prod_{n=1}^{\infty} (1 - q^n), \quad \text{où } q = e^{2i\pi\tau} \tag{1.4}$$

et vérifie

$$\begin{aligned} \eta(\tau + 1) &= \exp(2\pi i/24)\eta(\tau) \\ \eta(-1/\tau) &= \sqrt{-i\tau}\eta(\tau). \end{aligned} \tag{1.5}$$

Nous utiliserons ces proriétés dans la partie 2.2.

Enfin on définit *l'invariant modulaire* $j(\tau)$ par

$$j(\tau) = \frac{g_2(\tau)^3}{\Delta(\tau)}. \tag{1.6}$$

Comme g_2^3 et Δ sont de poids 12, la fonction j est de poids 0. Ainsi pour tout $\gamma \in \mathrm{SL}_2(\mathbb{Z})$, on a

$$j(\gamma(\tau)) = j(\tau).$$

D'où le nom d'invariant modulaire. Cependant j n'est pas une forme modulaire, puisqu'elle possède un pôle à l'infini. On peut calculer le développement de j en série de Fourier en suivant par exemple [JS87]. Les premiers termes de ce développement sont :

$$j(\tau) = \frac{1}{q} + 744 + 196884q + 21493760q^2 + 864299970q^3 + 20245856256q^4 + \cdots \tag{1.7}$$

où $q = e^{2i\pi\tau}$. Le terme $1/q$ confirme le pôle à l'infini. Les coefficients du développement, ont la propriété remarquable d'être tous positifs.

1.1.3 Les courbes modulaires

Définitions

Dans cette partie nous allons voir une première méthode de construction de courbes modulaires ainsi que leurs premières propriétés. Soit Γ un sous-groupe de congruence de $\Gamma(1)$. Commençons par étudier les propriétés topologiques du quotient,

$$Y_\Gamma = \Gamma \backslash \mathcal{H}.$$

Ce quotient n'est pas compact. En effet si l'on considère le cas de $Y(1)$ et son domaine fondamental $\mathcal{D}$, il est clair qu'il y a un défaut de compacité en ∞. Il nous faut donc ajouter ce point à "l'infini" pour obtenir un objet compact. Pour généraliser ce raisonnement nous allons introduire la notion de pointe. On étend l'action de Γ à $\mathcal{H} \cup \mathbb{Q} \cup \{\infty\}$ en posant

$$\begin{pmatrix} a & b \\ c & d \end{pmatrix} \cdot \infty = \frac{a}{c},$$

l'action sur $\mathbb{Q}$ étant la même, que l'action sur $\mathcal{H}$, en posant de plus

$$\begin{pmatrix} a & b \\ c & d \end{pmatrix} \cdot \frac{-d}{c} = \infty.$$

L'ensemble $\mathbb{Q} \cup \{\infty\}$ est stable sous l'action de Γ, et nous avons la définition suivante.

Définition 1.3. Soit Γ un sous-groupe de congruence de $\Gamma(1)$, et $Y_\Gamma = \Gamma \backslash \mathcal{H}$. On appelle *pointes* de Y_Γ, les orbites de $\mathbb{Q} \cup \{\infty\}$ sous l'action de Γ.
 De plus on notera $\bar{\mathcal{H}} = \mathcal{H} \cup \mathbb{Q} \cup \{\infty\}$ le demi-plan de Poincaré étendu.

Dans la suite nous noterons systématiquement c_∞ la pointe correspondant à l'orbite de ∞.

Remarquons que $Y(1)$ possède une seule pointe c_∞. Ce n'est bien sûr pas le cas général, et le nombre de pointe aura une importance capitale dans notre algorithme de recherche des points entiers. Celui-ci s'appliquera si nous avons trois pointes ou plus.

Surfaces de Riemann

La présentation faite ici est essentiellement une synthèse de [Sh71] et [DS05]. Son but est de fixer les notations et d'éclairer les notions qui seront utilisées par la suite. Les preuves ne seront pas données mais peuvent être trouvées dans les ouvrages cités en référence ou tout livre traitant de la théorie élémentaire des courbes modulaires.

Soit Γ un sous-groupe de congruence de $\Gamma(1)$, on définit alors la courbe modulaire associée à Γ, par
$$X_\Gamma = \Gamma \backslash \bar{\mathcal{H}}.$$

Il s'agit de l'ensemble Y_Γ auquel on adjoint les pointes afin de le rendre compact.

Le premier résultat concernant les courbes modulaires est le suivant

Théorème 1.4. *Soit Γ un sous-groupe de congruence de $\Gamma(1)$, alors la courbe modulaire X_Γ est une surface de Riemann compacte.*

Pour une preuve de ce résultat on peut se référer au chapitre 2 de [DS05]. Ce résultat ne tient pas de la forme particulière des sous-groupes de congruence. Il est en fait un corollaire d'un résultat plus général assurant que le quotient de $\mathcal{H}$ par un groupe fuchsien (sous-groupe discret de $SL_2(\mathbb{R})$) est une surface de Riemann. On pourra se référer au chapitre 5 de [JS87] ou au chapitre 1 de [Sh71] pour ce théorème général.

Comme pour $X(1)$ on peut définir un domaine fondamental pour X_Γ. En effet en trouvant un système de représentants de $\Gamma/\Gamma(1)$, noté par exemple $\gamma_1, \ldots \gamma_r$ où $r = [\Gamma(1) : \Gamma]$. Un domaine fondamental pour X_Γ est donné par

$$\Delta = \bigcup_{i=1}^{r} \gamma_i \bar{\mathcal{D}} \tag{1.8}$$

où $\bar{\mathcal{D}} = \mathcal{D} \cup \{\infty\}$ est défini par (1.1).

Topologiquement, une surface de Riemann est une somme connexe de tores. Le genre est le nombre de tore composant la surface de Riemann. L'objectif de ce qui suit est de calculer, ou du moins de donner une méthode de calcul du genre de la surface. Nous verrons dans la partie 1.2 que nous pouvons calculer très simplement le genre de la courbe qui nous intéressera. Afin de calculer, ce genre nous aurons besoin de quelques définitions.

Définition 1.5. Soit $z \in \mathcal{H}$, on dit que z est *un point elliptique* pour Γ, s'il existe un élément $\gamma \in \Gamma$ tel que $\gamma \cdot z = z$.

Soit z est un point elliptique, on note Γ_z le stabilisateur de z dans Γ c'est-à-dire le sous-groupe de Γ vérifiant

$$\Gamma_z = \{\gamma \in \Gamma, \ \gamma \cdot z = z\}.$$

Alors, Γ_z est un sous-groupe cyclique fini de Γ. On peut faire une étude plus fine de Γ_z. Dans [Sh71], l'auteur montre que les éléments de $\Gamma(1)$ fixant un élément elliptique sont conjugués à l'un de ces éléments

$$\pm \begin{pmatrix} 0 & -1 \\ 1 & 0 \end{pmatrix}, \quad \pm \begin{pmatrix} 0 & -1 \\ 1 & -1 \end{pmatrix}, \quad \pm \begin{pmatrix} -1 & 1 \\ -1 & 0 \end{pmatrix}. \tag{1.9}$$

On appelle *période d'un point elliptique* l'entier

$$|\{\pm I\}\Gamma_z/\{\pm I\}|.$$

Un calcul facile nous permet d'affirmer que les points elliptiques sont de périodes 2 ou 3. Dans le cas de $X(1)$, on connaît les points elliptiques, il s'agit des orbites de i et de $e^{2i\pi/3}$.

Nous allons introduire la ramification : celle-ci nous sera très utile par la suite, d'abord pour calculer le genre de notre courbe mais également plus tard, lorsque nous introduirons les paramètres locaux. Cette notion est liée aux surfaces de Riemann. Soit X et Y deux surfaces de Riemann compacte et f une fonction holomorphe non-constante de X vers Y, alors f est surjective. Soit $y \in Y$, alors $f^{-1}(y)$ est un ensemble fini de X. Soit $x \in f^{-1}(y)$, t un *paramètre local en* x (c'est-à-dire un homéomorphisme d'un voisinage de x

vers un ouvert de $\mathbb{C}$ compatible avec les cartes de la surface de Riemann sous-jacente) et u un paramètre local en y tels que $t(x) = u(y) = 0$, on appelle alors *indice de ramification de f en x* et on note e_x, la multiplicité de $u \circ f$ en x. En d'autres termes, au voisinage de x on a

$$u(f(z)) = at(z)^{e_x} + bt(z)^{e_x+1} + \ldots, \quad a \neq 0.$$

On a alors le résultat suivant : pour tout point $y \in Y$ l'entier

$$d = \sum_{x \in f^{-1}(y)} e_x \tag{1.10}$$

est indépendant de y et dépend seulement des surfaces de Riemann et de la fonction f, c'est pourquoi on l'appelle *degré de f*.

Définition 1.6. Soient X et Y deux surfaces de Riemann compactes, $f : X \mapsto Y$ une fonction holomorphe et $x \in X$, on dira que x *est ramifié* si $e_x > 1$, sinon on dira que x *est non ramifié*.

La *formule de Riemann-Hurwitz* lie le genre de X et de Y. On note g le genre de X et g' le genre de Y. On a alors

$$2g - 2 = d(2g' - 2) + \sum_{x \in X} (e_x - 1) \tag{1.11}$$

Genre des courbes modulaires

Regardons maintenant ce qui se passe dans le cas des courbes modulaires. Soit Γ un sous-groupe de congruence de $\Gamma(1)$. On a alors une application naturelle de X_Γ vers $X(1)$ qui nous permet via la formule de Riemann-Hurwitz (1.11), de déduire le genre de X_Γ du genre de $X(1)$ et des propriétés arithmétiques de X_Γ. Étudions de plus près le genre de $X(1)$ et la ramification de $X_\Gamma \mapsto X(1)$.

On constate, par exemple en regardant le domaine fondamental de $X(1)$ (figure 1.1 page 22), que $X(1)$ est simplement connexe. La seule surface de Riemann compacte simplement connexe étant la sphère de Riemann, on en déduit que $X(1)$ est de genre 0.

Pour ce qui est de la ramification de $X_\Gamma \mapsto X(1)$, observons de plus près l'application φ suivante,

$$\begin{array}{ccc} \bar{\mathcal{H}} & \xrightarrow{Id} & \bar{\mathcal{H}} \\ \pi_{\Gamma'} \downarrow & & \downarrow \pi_{\Gamma} \\ X_{\Gamma'} & \xrightarrow{\varphi} & X_{\Gamma} \end{array}$$

où $\pi_{\Gamma'}$ et π_{Γ} sont les projections naturelles et

$$\Gamma' \leq \Gamma \leq \Gamma(1).$$

Avant d'étudier le degré de l'application, on remarque que l'action de I_2 et $-I_2$ sur $\bar{\mathcal{H}}$ coïncide, il parait alors opportun d'introduire $\overline{\Gamma}$ (respectivement $\overline{\Gamma}'$), le quotient de Γ (respectivement Γ') par $\{\pm I_2\}$. soit $P \in X_{\Gamma}$ on a alors

$$\varphi^{-1}(z) = \pi_{\Gamma'}\left(\pi_{\Gamma}^{-1}(z)\right) = \pi_{\Gamma'}\left(\Gamma \cdot z\right) = \left(\overline{\Gamma}'\backslash\overline{\Gamma}\right) \cdot z.$$

Le degré de φ est donc $\left[\overline{\Gamma} : \overline{\Gamma}'\right]$.

Étudions maintenant les éventuels cas de ramification, pour cela nous utilisons la proposition 1.37 de [Sh71] qui lie l'indice de ramification et les stabilisateurs.

Proposition 1.7. *On utilise les notations précédentes. Soient $P \in X_{\Gamma}$, on note $\{Q_1, \ldots, Q_r\}$ l'image réciproque de P par φ, et e_k l'indice de ramification de φ en Q_k. On choisit alors $z_k \in \bar{\mathcal{H}}$ tel que $\pi_{\Gamma'}(z_k) = Q_k$ on a alors la formule*

$$e_k = \left[\overline{\Gamma}'_{z_k} : \overline{\Gamma}_{z_k}\right],$$

où $\overline{\Gamma}'_{z_k}$ et $\overline{\Gamma}_{z_k}$ sont toujours les stabilisateurs de z_k dans leurs groupes respectifs.

On remarque ainsi, que seuls les points "au dessus" d'un point elliptique ou d'une pointe peuvent être ramifiés.

Cela permet d'énoncer la proposition suivante qui en découle en l'appliquant à $X_{\Gamma} \mapsto X(1)$.

Théorème 1.8. *Soit Γ un sous-groupe de congruence de $\Gamma(1)$ et $f : X_{\Gamma} \mapsto X(1)$ la projection naturelle de degré d. Soit ν_2 et ν_3 le nombre de points elliptiques de période 2 et 3 dans X_{Γ}, et ν_{∞} le nombre de pointes de X_{Γ}. Alors le genre g de X_{Γ} est donné par*

$$g = 1 + \frac{d}{12} - \frac{\nu_2}{4} - \frac{\nu_3}{3} - \frac{\nu_{\infty}}{2}.$$

Pour finir cette partie, on donne l'exemple de $X(N)$. En remarquant qu'aucun des éléments de (1.9) n'appartient à $\Gamma(N)$ pour $N > 1$, la proposition précédente nous permet de calculer le genre g_N de $X(N)$ en fonction de ν_∞ nombre de pointe de $X(N)$. On a

$$g_N = 1 + \frac{d}{12} - \frac{\nu_\infty}{2}.$$

Pour calculer ν_∞, on calcule l'indice de ramification des pointes, c'est-à-dire l'indice de ramification des points "au dessus" de ∞, on conclut grâce à la formule (1.10). Or on a les stabilisateurs suivants (voir [Sh71])

$$\overline{\Gamma}(1)_\infty = \langle \begin{pmatrix} 1 & 1 \\ 0 & 1 \end{pmatrix} \rangle \quad \text{et} \quad \overline{\Gamma}(N)_\infty = \langle \begin{pmatrix} 1 & N \\ 0 & 1 \end{pmatrix} \rangle.$$

Donc l'indice de ramification de toutes les pointes est égal à N. Si l'on note d le degré de l'application on a

$$\nu_\infty = d/N \quad \text{d'où} \quad g_N = 1 + \frac{d}{12} + \frac{d}{2N}.$$

Finalement on peut expliciter complètement g_N, en calculant $d = [\overline{\Gamma(1)} : \overline{\Gamma(N)}]$.
Si $N = 2$, $I_2 \in \Gamma(2)$ et on obtient $d = 6$ et donc $g_2 = 0$.
Si $N > 2$ alors $-I_2 \notin \Gamma(N)$ ainsi

$$[\overline{\Gamma}(1) : \overline{\Gamma}(N)] = [\Gamma(1) : \Gamma(N)]/2 = \frac{N^3}{2} \prod_{p|N} \left(1 - \frac{1}{p^2}\right).$$

Finalement pour $N > 2$, on a

$$g_N = 1 + \frac{N^2}{24}(N-6) \prod_{p|N} \left(1 - \frac{1}{p^2}\right).$$

1.1.4 Un autre point de vue sur les courbes modulaires

Liens avec les courbes elliptiques

Soit E/K une *courbe elliptique* définie sur un corps de caractéristique nulle, E a alors, une équation de Weierstrass :

$$y^2 = 4x^3 - c_2 x - c_3,$$

où $c_2, c_3 \in K$ et $\Delta = c_2^3 - 27c_3^2 \neq 0$. On appelle *j-invariant* de E, noté j_E,

$$j_E = \frac{c_2^3}{\Delta}. \tag{1.12}$$

Soient E et E' deux courbes elliptiques définies sur $\mathbb{C}$, E et E' sont isomorphes si et seulement si elles ont le même j-invariant.

Soit E une courbe elliptique définie sur $\mathbb{C}$. Alors il existe un réseau Λ de $\mathbb{C}$ tel que $E(\mathbb{C})$, l'ensemble des points complexes de E, soit isomorphe à $\mathbb{C}/\Lambda$. On note $\wp$ de Weierstrass associée à Λ,

$$\wp_\Lambda(z) = \frac{1}{z^2} + \sum_{\omega \in \Lambda \setminus \{0\}} \left(\frac{1}{(z-w)^2} - \frac{1}{\omega^2} \right),$$

définie pour $z \in \mathbb{C} \setminus \Lambda$. Alors l'isomorphisme mentionné ci-dessus est

$$\begin{aligned} \mathbb{C}/\Lambda &\longrightarrow E(\mathbb{C}) \\ z &\longrightarrow (\wp_\Lambda(z), \wp'_\Lambda(z)) \end{aligned} \tag{1.13}$$

Réciproquement à tout réseau de $\mathbb{C}$ on peut associer une courbe elliptique définies par l'équation

$$y^2 = 4x^3 - g_2(\Lambda)x - g_3(\Lambda),$$

où $g_2(\Lambda) = 60 G_4(\Lambda)$, $g_3(\Lambda) = 140 G_6(\Lambda)$ et

$$G_k(\Lambda) = \sum_{\omega \in \Lambda \setminus \{0\}} \frac{1}{\omega^k}.$$

On a ainsi une bijection entre les courbes elliptiques définie sur $\mathbb{C}$ et les réseaux de $\mathbb{C}$. Deux courbes elliptiques ainsi définies par Λ et Λ' sont isomorphes s'il existe $\lambda \in \mathbb{C}^\times$ tel que $\Lambda = \lambda \Lambda'$.

Soit Λ un réseau de $\mathbb{C}$ et $\omega_1, \omega_2 \in \mathbb{C}$ tels que $\omega_1/\omega_2 \in \mathcal{H}$. On s'intéresse ici à la classe d'isomorphisme de la courbe elliptique E définie sur $\mathbb{C}$ et correspondant à Λ, d'après ce qui précède, la courbe elliptique définie par

$$\Lambda' = \frac{\omega_1}{\omega_2}\mathbb{Z} \oplus \mathbb{Z},$$

est isomorphe à E. Ainsi pour chaque classe d'isomorphisme de courbe elliptique $\mathcal{E}$, il existe $\omega \in \mathcal{H}$ tel que la courbe $E_\Lambda \in \mathcal{E}$ où $\Lambda = \omega \mathbb{Z} \oplus \mathbb{Z}$.

1.1. Prérequis à l'étude des courbes modulaires

Enfin deux tels réseaux sont égaux s'il existe $\gamma \in \mathrm{SL}_2(\mathbb{Z})$ tel que

$$^t(\omega, 1) = \gamma \, {}^t(\omega', 1).$$

Finalement l'application qui a une classe d'isomorphisme $\mathcal{E}$ associe un élément ω de $\Gamma(1)\backslash \mathcal{H}$ tel que $E_{\omega\mathbb{Z}\oplus\mathbb{Z}} \in \mathcal{E}$ définit une bijection entre les classes d'isomorphisme de courbes elliptiques définies sur $\mathbb{C}$ et la courbe modulaire $Y(1)$.

Cette bijection, explique le lien entre le j-invariant introduit au début de cette partie et l'invariant modulaire introduit à la partie 1.1.2. Soit $\tau \in \mathcal{H}$, on peut calculer l'invariant modulaire associé à τ noté $j(\tau)$. Ce même τ conduit via la bijection, introduite plus haut, à une classe d'isomorphisme de courbes elliptiques définies sur $\mathbb{C}$, ayant toute le même j-invariant $j_\mathcal{E}$. On a alors

$$j(\tau) = j_\mathcal{E}$$

Dans toute la suite, on parlera indifféremment de l'invariant modulaire et du j-invariant de E.

La loi de groupe induite par l'addition sur $\mathbb{C}/\Lambda$, peut se transposer aux courbes elliptiques, de sorte que l'on peut munir les courbes elliptiques d'une loi de groupe abélien sur ses points. On note O le neutre pour cette loi, $\mathrm{End}(E)$ le groupe des endomorphismes de E et $\mathrm{Aut}(E)$, le groupe des éléments inversibles de $\mathrm{End}(E)$.

Soit $m \in \mathbb{Z}$, alors la multiplication par m, notée traditionnellement $[m]$:

$$[m]: E \longrightarrow E$$
$$P \longrightarrow \begin{cases} \underbrace{P + P + \cdots + P}_{m \text{ fois}} & \text{si } m > 0 \\ -P - P - \cdots - P & \text{si } m < 0 \end{cases} \quad (1.14)$$

Dans la plupart des cas les multiplications par m seront les seuls endomorphismes de E, de sorte que $\mathrm{End}(E) \simeq \mathbb{Z}$. Si $\mathrm{End}(E)$ est strictement plus grand que $\mathbb{Z}$, on dira que E a *une multiplication complexe*.

Soit $E[N]$ le noyau de la multiplication par N, c'est-à-dire : *les points de N-torsion de E*. Alors

$$E[N] \simeq \frac{\mathbb{Z}}{N\mathbb{Z}} \times \frac{\mathbb{Z}}{N\mathbb{Z}}.$$

Il existe une forme bilinéaire antisymétrique non dégénérée de $E[N] \times E[N]$ dans le groupe des racines N-ème de l'unité appelée *couplage de Weil* noté $e_N(\cdot, \cdot)$. On peut se référer à la partie III.8 de [Si08] pour une construction du couplage de Weil.

Soit φ_N un isomorphisme entre $E[N]$ et $(\mathbb{Z}/N\mathbb{Z})^2$. On dira alors que le couple (E, φ_N) est muni d'une structure de niveau N.

Soit E une courbe elliptique définie sur $\mathbb{Q}$, le groupe de Galois $\mathrm{Gal}(\overline{\mathbb{Q}}/\mathbb{Q})$, agit sur les points de torsions de E. En identifiant $E[N]$ avec $(\mathbb{Z}/N\mathbb{Z})^2$, on obtient ainsi une représentation galoisienne de $\mathrm{Gal}(\overline{\mathbb{Q}}/\mathbb{Q})$:

$$\rho_n : \mathrm{Gal}(\overline{\mathbb{Q}}/\mathbb{Q}) \longrightarrow \mathrm{GL}_2(\mathbb{Z}/N\mathbb{Z}) \tag{1.15}$$

Cette représentation galoisienne joue un rôle important dans la suite et motive une partie des résultats. Si on se restreint la question à $N = p$, un nombre premier : J.P. Serre montre dans [Se72] que pour toutes courbes elliptiques définies sur $\mathbb{Q}$ sans multiplication complexe, cette représentation galoisienne est surjective, à partir d'un certain rang dépendant de la courbe elliptique. Il a alors conjecturé que ce rang pouvait être indépendant de la courbe elliptique. Actuellement, on pense que $p = 37$ est un bon candidat pour cette conjecture. Pour étudier cette conjecture, on suppose que $\rho_n\big(\mathrm{Gal}(\overline{\mathbb{Q}}/\mathbb{Q})\big)$ n'est pas égal à $\mathrm{GL}_2(\mathbb{Z}/p\mathbb{Z})$, il est alors inclus dans un sous-groupe maximal de $\mathrm{GL}_2(\mathbb{Z}/p\mathbb{Z})$. Or ces sous-groupes sont bien connus il s'agit de :

- Les sous-groupes de Borel, projection de $\Gamma_0(p)$ modulo p
- Les sous-groupes dits exceptionnels, c'est-à-dire isomorphes à $\mathfrak{A}_4, \mathfrak{S}_4, \mathfrak{A}_5$.
- Les normalisateurs de sous-groupes de Cartan déployés
- Les normalisateurs de sous-groupes de Cartan non déployés.

Serre a résolu la conjecture dans le deuxième cas, Mazur dans le premier, et Yu. Bilu et P. Parent dans le troisième. En revanche le dernier cas est toujours ouvert.

Soit E une courbe elliptique définie sur $\mathbb{C}$. On dira que (E, φ_N) est muni d'une structure de niveau N canonique si

$$e_N\left(\varphi_N^{-1}(1,0), \varphi_N^{-1}(0,1)\right) = e^{2i\pi/N}.$$

Comme pour les courbes elliptiques, on peut relier les classes d'isomorphisme de courbes elliptiques, munies d'une structure de niveau N, aux courbes modulaires. Par isomorphisme on entend un isomorphisme f de E vers E', tel que le diagramme suivant commute

$$\begin{array}{ccc} E[N] & \xrightarrow{f} & E[N] \\ \varphi_N \downarrow & & \downarrow \varphi'_N \\ (\mathbb{Z}/N\mathbb{Z})^2 & \xrightarrow{\sim} & (\mathbb{Z}/N\mathbb{Z})^2 \end{array}$$

Alors on a une bijection entre les classes d'isomorphisme de courbes elliptiques munies d'une structure de niveau N et la courbe modulaire $Y(N)$. La bijection explicite est traitée dans [Ma77].

1.1.5 De $X(N)$ à X_H

Nous avons vu dans la partie 1.1.3 que les courbes modulaires ont une structure de surface de Riemann compacte. Un résultat classique de géométrie algébrique et analytique, nous assure que les courbes modulaires ont une structure de courbe algébrique complexe. Dans le cas des courbes modulaires de niveau N on peut être plus précis et montrer qu'il y a un modèle standard sur $\mathbb{Q}(\zeta_N)$, que nous utiliserons dans la suite. Par exemple la courbe $X(N)$ est définie sur $\mathbb{Q}(\zeta_N)$ et la courbe $X(1)$ est définie sur $\mathbb{Q}$. On peut alors facilement déterminer le corps de définition des courbes modulaires.

Quand on étudie une courbe algébrique, on s'intéresse généralement à leur corps de fonctions. L'étude du corps de fonctions des courbes modulaires apporte beaucoup d'informations sur celles-ci. Nous avons déjà construit une fonction rationnelle sur $X(1)$ dans la partie 1.1.2. En effet, l'invariant modulaire j est une fonction de degré 1 de $\mathbb{Q}(X(1))$ non triviale. On a

$$\mathbb{Q}(X(1)) = \mathbb{Q}(j).$$

Le corps de fonctions de $X(N)$ est bien connu, une description complète est donnée dans le chapitre 7 de [DS05], ou encore dans le chapitre 6 de [Sh71]. Au delà des éléments composant $\mathbb{Q}(\zeta_n)(X(N))$, c'est la structure de celui ci qui nous intéresse. En effet, $\mathbb{Q}(\zeta_n)(X(N))$ est une extension galoisienne de $\mathbb{Q}(X(1))$ de groupe de Galois $\mathrm{GL}_2(\mathbb{Z}/N\mathbb{Z})/\{\pm I_2\}$. Nous présentons dans la proposition suivante les propriétés essentielles concernant les fonctions de $X(N)$.

Proposition 1.9. *Soit $f \in \mathbb{Q}(\zeta_N)\bigl(X(N)\bigr)$ on a les propriétés suivantes :*

1. Soit $\sigma \in \mathrm{SL}_2(\mathbb{Z}/N\mathbb{Z})$ on a
$$f^\sigma = f \circ \tilde{\sigma},$$
où à droite on considère f comme une fonction $\Gamma(N)$-automorphe sur $\bar{\mathcal{H}}$, et $\tilde{\sigma}$ est le relèvement de σ à $\Gamma(1) = \mathrm{SL}_2(\mathbb{Z})$. Le résultat est indépendant du choix du relèvement.

2. Soit $\sigma \in \mathrm{GL}_2(\mathbb{Z}/N\mathbb{Z})$ on a
$$\zeta_N^\sigma = \zeta_N^{\det \sigma}. \tag{1.16}$$

3. La fonction f a un développement
$$f = \sum_{k=k_0}^{\infty} a_k q^{k/N} \in \mathbb{Q}(\zeta_N)((q)).$$
Alors pour $\sigma = \begin{pmatrix} 1 & 0 \\ 0 & d \end{pmatrix}$ le développement de f^σ est
$$f^\sigma = \sum_{k=k_0}^{\infty} a_k^\sigma q^{k/N}.$$

L'action de Galois de $\sigma \in \mathrm{GL}_2(\mathbb{Z}/N\mathbb{Z})$ sur $\mathbb{Q}(\zeta_n)$ est donnée par
$$\sigma(\zeta_n) = \zeta_n^{\det \sigma}.$$

De sorte que l'on a $\mathrm{Gal}\,(\mathbb{Q}(\zeta_n)(X(N))/\mathbb{Q}(\zeta_n)(j)) = \mathrm{SL}_2(\mathbb{Z}/N\mathbb{Z})/\{\pm I_2\}$. On a donc les extensions galoisiennes suivantes :

$$\begin{array}{c}
\mathbb{Q}(\zeta_n)(X(N)) \\
\mathrm{SL}_2(\mathbb{Z}/N\mathbb{Z})/\{\pm I_2\} \Bigg(\;\Bigg| \\
\mathbb{Q}(\zeta_n)(X(1)) \;\Bigg) \mathrm{GL}_2(\mathbb{Z}/N\mathbb{Z})/\{\pm I_2\} \\
(\mathbb{Z}/N\mathbb{Z})^\times \Bigg(\;\Bigg| \\
\mathbb{Q}(X(1))
\end{array}$$

Soit H un sous-groupe de $\mathrm{GL}_2(\mathbb{Z}/N\mathbb{Z})$ contenant $-I_2$, on peut alors identifier H avec un sous-groupe de $\mathrm{Gal}\left(\mathbb{Q}\left(\zeta_n\right)(X(N))/\mathbb{Q}(X(1))\right)$. On obtient par correspondance de Galois un sous-corps de $\mathbb{Q}\left(\zeta_n\right)(X(N))$ auquel correspond une courbe modulaire notée X_G. L'image de H par l'application déterminant est alors un sous-groupe de $(\mathbb{Z}/N\mathbb{Z})^\times$ isomorphe à $\mathrm{Gal}\left(\mathbb{Q}(\zeta_N)/\mathbb{Q}\right)$ noté $\det(H)$. La courbe modulaire X_H est définie sur $\mathbb{Q}(\zeta_N)^{\det(H)}$.

On peut relier cette construction algébrique des courbes modulaires, à la construction géométrique vue dans la partie 1.1.3. On note $G = H \cap \mathrm{SL}_2(\mathbb{Z}/N\mathbb{Z})$, et Γ un relèvement de G à $\mathrm{SL}_2(\mathbb{Z})$. La courbe $X_G(\mathbb{C})$ est alors isomorphe à la courbe modulaire X_Γ.

Les courbes modulaires générales peuvent également être reliées aux courbes elliptiques. Dans la partie précédente, nous avons vu que la courbe $X(N)$, classifie les classes d'isomorphismes de courbes elliptiques munies d'une structure de niveau N. Soit (E, φ_N) un point de $X(N)$. Alors $\mathrm{GL}_2(\mathbb{Z}/N\mathbb{Z})$ agit sur $X(N)$. Cette action est induite par l'action du groupe linéaire sur $E[N] \simeq (\mathbb{Z}/N\mathbb{Z})^2$. Soit $\sigma \in \mathrm{GL}_2(\mathbb{Z}/N\mathbb{Z})$, l'action de σ sur les points de $X(N)$ est définie par
$$\sigma\left((E, \varphi_N)\right) = (E, \sigma \circ \varphi_N).$$
Soit G un sous-groupe de $\mathrm{GL}_2(\mathbb{Z}/N\mathbb{Z})$ comme ci-dessus. On peut alors définir une relation d'équivalence induite par les G-orbites de $X(N)$ et définie par
$$(E, \varphi_N) \mathcal{R} (E', \varphi'_N) \iff E \simeq E' \text{ et } \exists \sigma \in G, \quad \varphi_N = \sigma \circ \varphi'_N.$$
On a alors $X_G = G\backslash X(N) = X(N)/\mathcal{R}$.

1.2 La courbe modulaire $X_{\mathrm{ns}}^+(p)$

Dans la partie 1.1.4, on a vu que le normalisateur du sous-groupe de Cartan déployé, joue un rôle important dans l'étude de la représentation galoisienne associée à une courbe elliptique. À ce jour la question de la surjectivité de cette représentation reste ouverte dans le cas de normalisateur de sous-groupes de Cartan non déployés. Dans la partie 2.1, nous verrons que la surjectivité de ρ_p se ramène à la recherche des points rationnels sur la courbe modulaire associée au normalisateur du sous-groupe de Cartan non déployé de niveau p.

À partir de maintenant on se restreint à un niveau p premier impair.

1.2.1 Sous-groupes de Cartan non déployés et leurs normalisateurs

À tout sous-groupe G de $\mathrm{GL}_2(\mathbb{F}_p)$, on peut associer une courbe modulaire. G est alors inclus dans un sous groupe maximal. L'étude des sous-groupes maximaux de $\mathrm{GL}_2(\mathbb{F}_p)$, conduit à quatre familles : les sous-groupes exceptionnels, les sous-groupes de Borel et les sous-groupes de Cartan déployés et non déployés et leurs normalisateurs. Nous nous intéressons à la dernière famille et commençons par définir les sous-groupes de Cartan non déployés.

Soit $\Xi \in \mathbb{F}_p$, qui ne soit pas un carré dans $\mathbb{F}_p$. De sorte que le corps $\mathbb{F}_{p^2}$ est un $\mathbb{F}_p$-espace vectoriel de dimension 2 de base $\{1, \alpha\}$ où α est une racine de $X^2 - \Xi$. $\mathbb{F}_p[\Xi]^\times$ agit naturellement sur $\mathbb{F}_p[\Xi]$. Cette action induit une injection de $\mathbb{F}_p[\alpha]^\times$ dans $\mathrm{GL}_2(\mathbb{F}_p)$. On appelle *sous-groupe de Cartan non déployé*, et l'on note $\mathcal{C}_{\mathrm{ns}}(p)$ l'image de $\mathbb{F}_p[\alpha]^\times$. On a la présentation suivante de $\mathcal{C}_{\mathrm{ns}}(p)$:

$$\mathcal{C}_{\mathrm{ns}}(p) = \left\{ \begin{pmatrix} a & \Xi b \\ b & a \end{pmatrix}, \ (a,b) \in \mathbb{F}_p^2 \setminus \{(0,0)\} \right\}. \tag{1.17}$$

De sorte que l'on a $|\mathcal{C}_{\mathrm{ns}}(p)| = p^2 - 1$. Si $p \equiv 3 \pmod{4}$, on peut prendre $\Xi = -1$.

Soit $\mathcal{C}_{\mathrm{ns}}^+(p)$

$$\mathcal{C}_{\mathrm{ns}}^+(p) = \{ g \in \mathrm{GL}_2(\mathbb{F}_p) \mid g\mathcal{C}_{\mathrm{ns}}(p)g^{-1} = \mathcal{C}_{\mathrm{ns}}(p) \},$$

le normalisateur de $\mathcal{C}_{\mathrm{ns}}(p)$.

Tout d'abord, un petit calcul permet de voir que

$$\begin{pmatrix} 1 & 0 \\ 0 & -1 \end{pmatrix} \in \mathcal{C}_{\mathrm{ns}}^+(p).$$

Pour déterminer le normalisateur complètement, on le fait agir par conjugaison sur $\mathcal{C}_{\mathrm{ns}}(p)$. Soit $S \in \mathcal{C}_{\mathrm{ns}}^+(p) \subset \mathrm{GL}_2(\mathbb{F}_p)$, on a alors le morphisme induit,

$$\begin{aligned} \mathcal{C}_{\mathrm{ns}}(p) &\mapsto \mathcal{C}_{\mathrm{ns}}(p) \\ X &\mapsto SXS^{-1} \end{aligned} \tag{1.18}$$

En identifiant, le sous-groupe de Cartan non déployé avec $\mathbb{F}_p[\Xi]^\times$, on obtient un automorphisme de corps

$$\mathbb{F}_{p^2} \mapsto \mathbb{F}_{p^2}$$
$$x \mapsto sxs^{-1} \tag{1.19}$$

Comme $[\mathbb{F}_{p^2} : \mathbb{F}_p] = 2$, il n'y a que deux automorphismes de corps : l'identité et la conjugaison. Si l'automorphisme trouvé est l'identité, alors s commute avec tous les éléments du corps et donc $s \in \mathbb{F}_{p^2}^\times$ et par suite $S \in \mathcal{C}_{\mathrm{ns}}(p)$. On a donc construit une application de $\mathcal{C}_{\mathrm{ns}}^+(p)$ dans $\mathrm{Aut}(\mathbb{F}_{p^2}/\mathbb{F}_p)$ de noyau $\mathcal{C}_{\mathrm{ns}}(p)$. Ainsi $\mathcal{C}_{\mathrm{ns}}(p)$ est d'indice 2 dans $\mathcal{C}_{\mathrm{ns}}^+(p)$ de sorte que l'on a

$$\mathcal{C}_{\mathrm{ns}}^+(p) = \langle \mathcal{C}_{\mathrm{ns}}(p), \begin{pmatrix} 1 & 0 \\ 0 & -1 \end{pmatrix} \rangle = \left\{ \begin{pmatrix} a & \Xi b \\ b & a \end{pmatrix}, \begin{pmatrix} a & -\Xi b \\ b & -a \end{pmatrix}, (a,b) \in \mathbb{F}_p^2 \setminus \{(0,0)\} \right\} \tag{1.20}$$

On a donc $|\mathcal{C}_{\mathrm{ns}}^+(p)| = 2\,(p^2 - 1)$

Remarque 1.10. Si on choisit un autre élément Ξ qui ne soit pas un carré de $\mathbb{F}_p$, on obtient un sous groupe conjugué.

1.2.2 La courbe modulaire $X_{\mathrm{ns}}^+(p)$

Pour définir la courbe modulaire associée à $\mathcal{C}_{\mathrm{ns}}^+(p)$, on suit la présentation faite dans 1.1.5. On plonge $\mathcal{C}_{\mathrm{ns}}^+(p)$ dans le groupe Galois

$$\mathrm{Gal}(\mathbb{Q}(\zeta_p)(X(p))/\mathbb{Q}(j)) \simeq \mathrm{GL}_2(\mathbb{F}_p)/\{\pm I_2\}.$$

On peut se référer à la figure 2.2 page 64 pour avoir une représentation des extensions de corps utilisées ici. Par correspondance galoisienne, on construit alors la courbe modulaire correspondant au sous-corps $\mathbb{Q}(\zeta_p)(X(p))^{\mathcal{C}_{\mathrm{ns}}^+(p)}$. L'image de $\mathcal{C}_{\mathrm{ns}}^+(p)$ par le déterminant est $(\mathbb{Z}/p\mathbb{Z})^\times$. De sorte que, la courbe $X_{\mathrm{ns}}^+(p)$ est définie sur $\mathbb{Q}(\zeta_p)^{(\mathbb{Z}/p\mathbb{Z})^\times} = \mathbb{Q}$.

Géométriquement, en notant $\Gamma_{\mathrm{ns}}(p)$ le relèvement de $\mathcal{C}_{\mathrm{ns}}^+(p) \cap \mathrm{SL}_2(\mathbb{Z}/N\mathbb{Z})$ au groupe modulaire, on a la bijection

$$X_{\mathrm{ns}}^+(p)(\mathbb{C}) \simeq \Gamma_{\mathrm{ns}}(p) \backslash \overline{\mathcal{H}}.$$

Le lemme [BI11, Lemma 2.3] dû à Yu. Bilu et M.Illengo, nous permet d'étudier les pointes éventuelles de $X_{\mathrm{ns}}^+(p)$, et leurs représentations dans la bijection ci-dessus. Soit $M_p = ((\mathbb{Z}/p\mathbb{Z}) \times (\mathbb{Z}/p\mathbb{Z})) \setminus \{(0,0)\}$, et $G_1 = \mathcal{C}_{\mathrm{ns}}^+(p) \cap \mathrm{SL}_2(\mathbb{Z}/p\mathbb{Z})$.

Alors
$$G_1\backslash M_p \simeq \{\text{pointes}\}.$$
On obtient la proposition :

Proposition 1.11. *Les pointes de $X_{\mathrm{ns}}^+(p)$ sont en bijection avec les ensembles*
$$\mathcal{L}_c = \{(x,y) \in M_p,\, x^2 - \Xi y^2 = \pm c\},$$
où $c \in \mathbb{F}_p^\times/\{\pm 1\}$. Ainsi la courbe $X_{\mathrm{ns}}^+(p)$ possède $(p-1)/2$ pointes.

Démonstration. Pour démontrer cette proposition, on montre que chaque $\mathcal{L}_c$ est stable sous l'action de G_1. Soit $M \in G_1$ donnée par
$$M = \begin{pmatrix} a & \Xi b \\ b & a \end{pmatrix}, \quad \text{avec } a^2 - \Xi b^2 = 1$$
et $(x,y) \in \mathcal{L}_c$ on a alors
$$\begin{pmatrix} a & \Xi b \\ b & a \end{pmatrix} \cdot \begin{pmatrix} x \\ y \end{pmatrix} = \begin{pmatrix} ax + \Xi by \\ bx + ay \end{pmatrix}$$
De sorte que l'on a
$$(ax + \Xi by)^2 - \Xi (bx + ay)^2 = x^2 \left(a^2 - \Xi b^2\right) - \Xi y^2 \left(-\Xi b^2 + a^2\right) = \pm c,$$
et $(ax + \Xi by, bx + ay) \in \mathcal{L}_c$. La même vérification fonctionne avec la matrice
$$\begin{pmatrix} 1 & 0 \\ 0 & -1 \end{pmatrix}.$$
Et les ensembles $\mathcal{L}_c$ sont bien stables par G_1. On conclut la preuve en vérifiant la transitivité de l'action. □

Les pointes de $X_{\mathrm{ns}}^+(p)$ sont définies sur le sous-corps réel maximal de $\mathbb{Q}(\zeta_p)$, noté $\mathbb{Q}(\zeta_p)^+ = \mathbb{Q}(\zeta_p + \overline{\zeta_p})$. Ainsi le groupe de Galois $\mathrm{Gal}\,(\mathbb{Q}(\zeta_p)^+/\mathbb{Q}) \simeq \mathbb{F}_p^\times/\{\pm 1\}$, agit sur les pointes.

L'action naturelle de $\mathcal{C}_{\mathrm{ns}}^+(p)$ sur $\mathbb{F}_p^2 \setminus \{(0,0)\}$ induit une action sur les pointes. Au vu de la démonstration de la proposition 1.11, cette action est entièrement déterminer par le déterminant de la matrice.

1.2. La courbe modulaire $X_{\mathrm{ns}}^+(p)$

Soit H un sous-groupe de $\mathbb{F}_p^\times$ contenant -1. On définit le sous-groupe de $\mathcal{C}_{\mathrm{ns}}^+(p)$, G_H par

$$G_H = \{g \in \mathcal{C}_{\mathrm{ns}}^+(p) : \det g \in H\}. \tag{1.21}$$

En particulier, $G_{\mathbb{F}_p^\times} = \mathcal{C}_{\mathrm{ns}}^+(p)$ et $G_{\{1\}} = G_1$. Ainsi G_H agit sur les pointes de $X_{\mathrm{ns}}^+(p)$. Soit c une pointe, $\mathcal{L}_c$ l'orbite associée et H comme ci dessus on a alors

$$G_H \cdot \mathcal{L}_c = \mathcal{L}_{cH}.$$

Notons $d = [\mathbb{F}_p^\times : H]$, l'action de G_H sur M_p a exactement d orbites. Chaque orbite est définie sur $K = \mathbb{Q}(\zeta_p)^H$, sous-corps de $\mathbb{Q}(\zeta_p)$ de degré d.

À partir de ces orbites on peut trouver un système de représentants des pointes dans $\mathbb{Q} \cup \{\infty\}$. Soit $c \in \mathbb{F}_p^\times/\{\pm 1\}$, et $(x, y) \in \mathcal{L}_c$ tels que

$$x^2 - \Xi y^2 = c.$$

Soit

$$M_c = \begin{pmatrix} c^{-1}x & -\Xi y \\ -c^{-1}y & x \end{pmatrix} \in \mathrm{SL}_2(\mathbb{F}_p).$$

On note $\sigma_c \in \mathrm{SL}_2(\mathbb{Z})$ un relèvement de M_c. Cette matrice vient directement de la proposition 1.13, ci-dessous. L'algorithme 1 donnera un moyen rapide pour effectuer un tel relèvement. Alors l'ensemble

$$\{\sigma_c(\infty),\ c \in \mathbb{F}_p/\{\pm 1\}\},$$

est un système de représentants des pointes.

Intéressons nous à présent à la ramification de $X_{\mathrm{ns}}^+(p) \mapsto X(1)$, d'après ce que nous avons vu dans la partie 1.1.3, le degré est égal à

$$[\mathrm{SL}_2(\mathbb{Z}) : \Gamma_{\mathrm{ns}}(p)] = [\mathrm{SL}_2(\mathbb{Z}/p\mathbb{Z}) : G_1] = \frac{p^3 - p}{2(p^2 - 1)/(p-1)} = \frac{p(p-1)}{2}.$$

De sorte que chaque pointe a un indice de ramification égal à p.

Afin de déterminer le genre de la courbe $X_{\mathrm{ns}}^+(p)$ nous devons étudier la ramification au dessus de i et $e^{2i\pi/3} = \rho$.

Or la proposition 7.10. de [Ba10], nous donne le nombre de points elliptiques de $X_{\mathrm{ns}}^+(p)$. Nous en donnons ici une version adaptée à notre situation.

Lemme 1.12. *Soit* ν_2, ν_3 *le nombre de points elliptiques de* $X_{\mathrm{ns}}^+(p)$ *d'ordre* 2 *et* 3 *respectivement. On a alors*

$$\nu_2 = \begin{cases} \frac{p-1}{2} & \text{si } p \equiv 1 \pmod{4} \\ \frac{p+3}{2} & \text{si } p \equiv 3 \pmod{4} \end{cases} \quad et \quad \nu_3 = \begin{cases} 1 & \text{si } p \equiv 2 \pmod{3} \\ 0 & \text{sinon} \end{cases} \quad (1.22)$$

On en déduit le genre de la courbe

$$g\left(X_{\mathrm{ns}}^+(p)\right) = \begin{cases} \frac{p^2-10p+33}{24} & \text{si } p \equiv 1 \pmod{12} \\ \frac{(p-5)^2}{24} & \text{si } p \equiv 5 \pmod{12} \\ \frac{(p-3)(p-7)}{24} & \text{si } p \equiv 7 \pmod{12} \\ \frac{p^2-10p+13}{24} & \text{si } p \equiv 11 \pmod{12} \end{cases} \quad (1.23)$$

Le genre d'une courbe a une influence toute particulière sur le nombre de points entiers de celle-ci. En effet, un théorème de Siegel [Si29] assure qu'une courbe de genre g, avec ν_∞ pointes vérifiant

$$2 - 2g - \nu_\infty < 0,$$

a un nombre fini de points entiers. La formule trouvée pour le genre de $X_{\mathrm{ns}}^+(p)$ nous permet d'affirmer que, si $p \geq 7$ la courbe $X_{\mathrm{ns}}^+(p)$ n'a qu'un nombre fini de points entiers. La preuve du théorème de Siegel n'étant pas effective, la description de ceux-ci reste une question ouverte, c'est l'objet du chapitre 2. Nous supposerons donc dans la suite $p \geq 7$.

Pour conclure cette partie, nous allons chercher le domaine fondamental associé à une courbe $X_{\mathrm{ns}}^+(p)$. D'après ce que l'on a vu dans la partie 1.1.3, il nous suffit de trouver un système de représentants de $\Gamma_{\mathrm{ns}}\backslash\Gamma(1)$. Pour cela il suffit de trouver un système de représentants de $G_1\backslash\mathrm{SL}_2(\mathbb{F}_p)$. On utilise alors la proposition 6.3. de [Ba10] qui nous donne :

Proposition 1.13. *Pour tout* $c \in \mathbb{F}_p^\times$, *on choisit un élément de* (x_c, y_c) *de* $\mathcal{L}_c$. *Alors l'ensemble*

$$\mathcal{S} = \left\{ \begin{pmatrix} c^{-1}x_c & -\Xi y_c + ax_c \\ -c^{-1}y_c & x_c - a \end{pmatrix}, \quad \text{où } c \in \mathbb{F}_p^\times,\, a \in \mathbb{F}_p \right\},$$

est un système de représentants de $G_1\backslash\mathrm{SL}_2(\mathbb{F}_p)$

On retrouve la matrice M_c introduite plus haut pour représenter les pointes. Il nous reste maintenant à relever chaque matrice de $\mathcal{S}$ à $\mathrm{SL}_2(\mathbb{Z})$. Pour cela on utilise l'algorithme suivant

1.2. La courbe modulaire $X_{\mathrm{ns}}^+(p)$

Algorithme 1 Relever une matrice de $\mathrm{SL}_2(\mathbb{F}_p)$ à $\mathrm{SL}_2(\mathbb{Z})$

ENTRÉES : $M \in \mathcal{M}_2(\mathbb{Z})$ telle que $\det(M) \equiv 1 \pmod{p}$.
SORTIES : $N \in \mathrm{SL}_2(\mathbb{Z})$ telle que $N \equiv M \pmod{p}$.

1: On cherche $U, V \in \mathrm{SL}_2(\mathbb{Z})$ telles que

$$UMV = \begin{pmatrix} a_1 & 0 \\ 0 & a_2 \end{pmatrix} \in \mathrm{SL}_2(\mathbb{Z}/p\mathbb{Z}).$$

2: On pose

$$W := \begin{pmatrix} a_2 & 1 \\ a_2 - 1 & 1 \end{pmatrix}, \quad X := \begin{pmatrix} 1 & -a_2 \\ 0 & 1 \end{pmatrix};$$

3: Retourner $N := U^{-1} W^{-1} \begin{pmatrix} 1 & 0 \\ 1 - a_1 & 1 \end{pmatrix} X^{-1} V^{-1}$.

Démonstration. Pour obtenir U et V, on effectue des opérations sur les lignes et les colonnes. Le théorème des diviseurs élémentaires nous assure alors leurs existences. On vérifie alors

$$WUMVX \equiv \underbrace{\begin{pmatrix} 1 & 0 \\ 1 - a_1 & 1 \end{pmatrix}}_{\in \mathrm{SL}_2(\mathbb{Z})} \pmod{p}.$$

Enfin $N \in \mathrm{SL}_2(\mathbb{Z})$ comme produit de matrices de $\mathrm{SL}_2(\mathbb{Z})$ et

$$N \equiv M \pmod{p}.$$

$\square$

Cet algorithme conjugué à la proposition 1.13 nous permet donc de trouver un système de représentants de $\Gamma_{\mathrm{ns}}^+ \backslash \Gamma(1)$.

Un système de représentants est dit optimal Σ si

$$\left(\sigma_1, \sigma_2 \in \Sigma \mid \sigma_1(i\infty) \equiv \sigma_2(i\infty) \mod \Gamma_{\mathrm{ns}}^+\right) \Longrightarrow \sigma_1(i\infty) = \sigma_2(i\infty).$$

On peut toujours trouver un système de représentants optimal à partir d'un système de représentants Σ. En effet, la Γ_{ns}^+-équivalence de $\sigma_1(i\infty)$ et $\sigma_2(i\infty)$ définit une relation d'équivalence sur Σ. Soit $\sigma_1, \ldots, \sigma_m$ une classe d'équivalence. Alors il existe $\gamma_2, \ldots, \gamma_m \in \Gamma_{\mathrm{ns}}^+$ tel que $\sigma_1(i\infty) = \gamma_k \circ \sigma_k(i\infty)$ pour

$k = 2, \ldots, m$. On remplace alors $\sigma_2, \ldots, \sigma_m$ par $\gamma_2 \circ \sigma_2, \ldots, \gamma_m \circ \sigma_m$. En recommençant l'opération pour toutes les classes d'équivalence on obtient un système de représentants optimal.

Dans la suite on fixe Σ un système de représentants optimal. D'après (1.8) un domaine fondamental de $X_{\text{ns}}^+(p)$ est donné par

$$\Delta = \bigcup_{\sigma \in \Sigma} \sigma(\mathcal{D}) \tag{1.24}$$

L'utilisation d'un système de représentants optimal, nous permet d'obtenir des domaines connexes autour de chaque pointe. Dans la figure 1.2, nous avons représenté un domaine fondamental de $X_{\text{ns}}^+(7)$. A priori le domaine obtenu par la méthode précédente n'est pas connexe, mais en utilisant des éléments bien choisis de Γ_{ns}^+ on peut le rendre connexe.

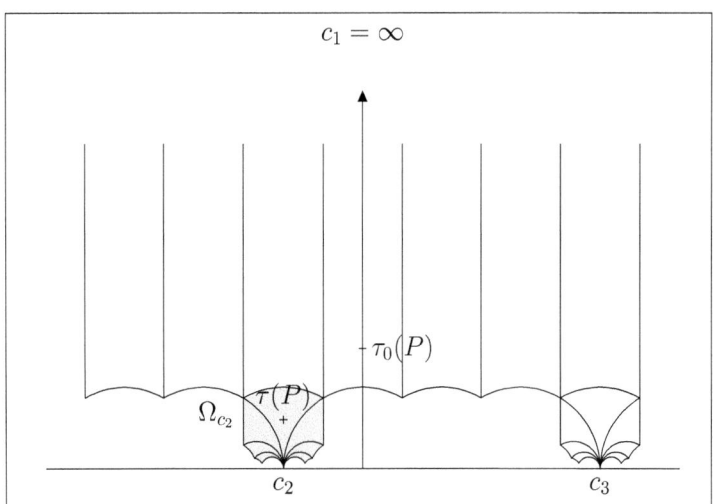

FIGURE 1.2 – Domaine fondamental de $X_{\text{ns}}^+(7)$

Pour finir cette partie nous introduisons deux notions utiles dans la suite. Soit P un point de $X_{\text{ns}}^+(p)(\mathbb{C})$. On notera $\tau = \tau(P)$ l'image de P par la bijection

$$X_{\text{ns}}^+(p)(\mathbb{C}) \simeq \Gamma_{\text{ns}}^+(p)/\bar{\mathcal{H}}.$$

Soit Δ un domaine fondamental de $X_{\text{ns}}^+(p)$ donné par (1.24). On a alors une projection naturelle de Δ sur $\mathcal{D}$ donné par

1.2. La courbe modulaire $X_{\text{ns}}^+(p)$

$$\Delta \mapsto \mathcal{D}$$
$$\tau \mapsto \sigma_i^{-1}(\tau) \quad \text{où } \tau \in \sigma_i(\mathcal{D}) \tag{1.25}$$

On notera $\tau_0(P)$ l'image de $\tau(P)$ par cette projection. On remarque que pour tout $P \in X_{\text{ns}}^+(p)(\mathbb{C})$, on a $|\tau_0(P)| \geq 1$ et $\text{Im}(\tau_0(P)) \geq \frac{\sqrt{3}}{2}$.

Pour toute pointe c on note Ω_c et on appelle voisinage de c dans $X_{\text{ns}}^+(p)(\mathbb{C})$, l'ensemble :

$$\Omega_c = \text{image de} \left(\bigcup_{\sigma(i\infty)=c} \sigma D^\circ \right) \cup \{c\}. \tag{1.26}$$

où $D^\circ = D \setminus \{\tau \mid |\tau| = 1 \text{ ou } Re(\tau) = 1/2\}$ Les ensembles Ω_c sont disjoints, et recouvrent $X_{\text{ns}}^+(p)(\mathbb{C})$ privée des points tels que $|\tau_0(P)| = 1$. Dans le figure 1.2, on a représenté en gris le voisinage Ω_{c_2} de c_2.

Soit $P \in X_{\text{ns}}^+(p)(\mathbb{C})$, on dira que c est *la pointe la plus proche* de P si $\tau(P) \in \Omega_c$. Dans le figure 1.2, la pointe la plus proche de P est c_2. Par abus de langage, il nous arrivera de dire que P appartient à Ω_c

Enfin, pour effectuer des calculs nous aurons besoin d'un paramètre local. La fonction $\tau \mapsto q(\tau) = q^{2\pi i \tau}$ est une fonction analytique sur $\mathcal{H}$ (cf partie 1.1.2, qui s'annule en $i\infty$; on l'appelle *q-paramètre*. Soit c une pointe de $X_{\text{ns}}^+(p)$, on définit le *q-paramètre en c* comme suit. Soit $\sigma \in \Sigma$ tel que $\sigma(i\infty)$ représente c. Alors le q-paramètre en c est défini par $q_c = q \circ \sigma^{-1}$. Plus explicitement on a

$$q_c(P) = e^{2i\pi\tau_0(P)}.$$

Puisque Σ est optimal, q_c dépend seulement de Σ, mais pas du choix particulier de σ. La fonction q_c est analytique sur $\mathcal{H}$ et s'annule en $\sigma(i\infty)$. Comme pour $P \in \Omega_c$ on a $\text{Im}(\tau_0(P)) > \sqrt{3}/2$ d'où

$$|q_c(P)| < e^{-\pi\sqrt{3}} < 0.0044. \tag{1.27}$$

L'indice de ramification de l'application $X_{\text{ns}}^+(p) \mapsto X(1)$ en chaque pointe étant p, l'application $P \mapsto q_c^{1/p}$ est un paramètre local en c de sorte que pour une fonction u sur $X_{\text{ns}}^+(p)$ on a

$$\text{Ord}_{q_c} u = \frac{\text{Ord}_c u}{p}. \tag{1.28}$$

Ces définitions vont nous permettre de faire des calculs sur la courbe modulaire, ainsi que sur ses fonctions. On a toujours le q_c développement de l'invariant

$$j(\tau) = \frac{1}{q_c} + 744 + 196884 q_c + 21493760 q_c^2 + 864299970 q_c^3 + 20245856256 q_c^4 + \cdots . \tag{1.29}$$

CHAPITRE 2

POINTS ENTIERS SUR LA COURBE $X_{\mathrm{ns}}^+(p)$

La courbe $X_{\mathrm{ns}}^+(p)$ est une courbe algébrique définie sur $\mathbb{Q}$. On définit la variété affine $Y_{\mathrm{ns}}^+(p)$ comme la courbe $X_{\mathrm{ns}}^+(p)$ privée des pointes. On note $Y_{\mathrm{ns}}^+(p)(\mathbb{Q})$ l'ensemble des points rationnels de $Y_{\mathrm{ns}}^+(p)$. On considère à présent les points entiers de $Y_{\mathrm{ns}}^+(p)$, c'est-à-dire les points de $Y_{\mathrm{ns}}^+(p)$ ayant des coordonnées entières. J.P Serre, a montré dans [Se97] que les points entiers P de $Y_{\mathrm{ns}}^+(p)$ sont les points rationnels vérifiant $j(P) \in \mathbb{Z}$.

Le but de ce chapitre est de trouver, étant donné un nombre premier $p \geq 7$, tous les points entiers de $Y_{\mathrm{ns}}^+(p)$. Pour cela nous utiliserons la méthode de Baker. Nous serons amenés à manipuler des objets techniques tels que les unités modulaires et les formes de Siegel que nous introduirons dans les paragraphes 2.3 et 2.2. Dans la partie 2.6, nous conclurons ce chapitre en trouvant une borne générale explicite pour $j(P)$ où P est un point entier de $X_{\mathrm{ns}}^+(p)$. Cette première approche a été introduite dans [BS12], on obtient une borne théorique permettant de démontrer le théorème de Siegel dans notre situation de manière effective. Elle a le mérite d'être totalement explicite. Malheureusement, cette borne est beaucoup trop importante pour espérer énumérer tous les cas possibles. Dans le chapitre 3, nous entamerons une étude plus approfondie basée sur des méthodes introduites dans [BH96], nous permettant de trouver tous les points entiers d'une courbe donnée.

On rappelle que dans tout ce chapitre p désigne un nombre premier supérieur ou égal à 7.

2.1 Interprétation modulaire des points entiers et première remarque

Dans ce paragraphe les résultats ne dépendent pas de la primalité de p et reste valable pour un entier quelconque. Les références données ci-dessous établissent des énoncés pour un entier N quelconque.

La courbe modulaire $X_{\mathrm{ns}}^+(p)$ est définie sur $\mathbb{Q}$, ses points rationnels correspondent à des classes d'isomorphisme de courbes elliptiques ayant certaines propriétés. Nous allons décrire une interprétation modulaire des points rationnels on suivra notamment l'appendice de [Se97] et l'article de [Ba10].

On note $Y(p)$, la courbe $X(p)$ privée de ces pointes. On rappelle (cf. partie 1.1.5) que le groupe de Galois $\mathrm{Gal}\left(\overline{\mathbb{Q}}/\mathbb{Q}\right)$ agit sur $Y(p)(\overline{\mathbb{Q}})$. En effet soit $\sigma \in \mathrm{Gal}\left(\overline{\mathbb{Q}}/\mathbb{Q}\right)$, et $(E, \varphi_p) \in Y(p)(\overline{\mathbb{Q}})$ on a alors

$$\sigma\left((E, \varphi_p)\right) = (E^\sigma, \varphi_p \circ \sigma).$$

Cette action induit la représentation galoisienne ρ_p (cf. (1.15)).

Considérons maintenant un point rationnel P de $X_{\mathrm{ns}}^+(p)$, c'est-à-dire un point de $X_{\mathrm{ns}}^+(p)(\overline{\mathbb{Q}})$ stable par $\mathrm{Gal}(\overline{\mathbb{Q}}/\mathbb{Q})$. Alors P s'identifie à un élément de $X(p)(\overline{\mathbb{Q}})/\mathcal{C}_{ns}^+(p)$. C'est-à-dire une classe d'isomorphisme de courbes elliptiques E, munies d'une $\mathcal{C}_{ns}^+(p)$ classe d'équivalence de structure de niveau p notée $\overline{\varphi_p}$. On rappelle que deux structures de niveau p, (E, φ_p) et (E', φ_p') sont $\mathcal{C}_{ns}^+(p)$ équivalentes s'il existe $M \in \mathcal{C}_{ns}^+(p)$ telle que

$$\varphi_p = M \cdot \varphi_p'.$$

Comme P est stable par l'action du groupe de Galois il est clair que E est définie sur $\mathbb{Q}$. De plus, on doit avoir au vu de ce qui précède

$$\forall \sigma \in \mathrm{Gal}(\overline{\mathbb{Q}}/\mathbb{Q}), \quad \varphi_p^\sigma \in \overline{\varphi_p},$$

ou encore

$$\forall \sigma \in \mathrm{Gal}(\overline{\mathbb{Q}}/\mathbb{Q}), \exists M_\sigma \in \mathcal{C}_{ns}^+(p) \quad \varphi_p \circ \sigma = M_\sigma \cdot \varphi_p,$$

et donc l'image de $\text{Gal}(\overline{\mathbb{Q}}/\mathbb{Q})$ par la représentation galoisienne ρ_p (cf (1.15)) est incluse dans $\mathcal{C}_{\text{ns}}^+(p)$. Dans [Se97, Appendice A.5], J.P Serre montre qu'un point entier est un point rationnel vérifiant $j(P) \in \mathbb{Z}$.

Finissons cette partie avec une remarque sur le q_c-paramètre d'un point entier. On a le lemme suivant

Lemme 2.1. *Soit P un point de $X_{\text{ns}}^+(P)$, on a alors l'équivalence suivante*

$$q_c(P) \in \mathbb{R} \ ou \ |\tau_0(P)| = 1 \iff j(P) \in \mathbb{R}.$$

Démonstration. Commençons par le sens direct. Si $q_c(P) \in \mathbb{R}$ alors au vu de (1.29), on a clairement $j(P) \in \mathbb{R}$. Si maintenant $\tau_0(P) = 1$ on a

$$j(\tau_0(P)) = j(-1/\tau_0(P)) = j\left(-\overline{\tau_0(P)}\right).$$

D'autre part, on a $q(-\bar{\tau}) = \overline{q(\tau)}$, pour tout $\tau \in \mathcal{H}$ et donc

$$j(-\bar{\tau}) = \overline{j(\tau)}.$$

On en déduit que si $|\tau_0(P)| = 1$ on a

$$\overline{j(\tau_0(P))} = j(\tau_0(P)).$$

On remarque que l'ensemble des points vérifiant l'assertion de gauche forme un ensemble connexe de $\mathcal{D}$. En effet si $q_c(P) \in \mathbb{R}$ et $\tau_0(P) \in \mathcal{D}$ on a alors $\text{Im}(\tau_0(P)) = 0$ ou $1/2$. On représente ci-dessous l'ensemble en question :

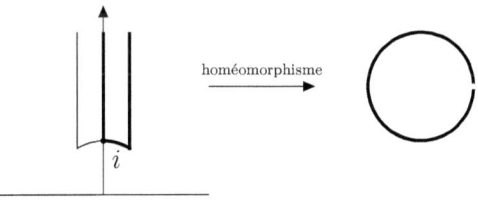

FIGURE 2.1 – $j(P) \in \mathbb{R}$

On voit que l'ensemble en question est homéomorphe à un cercle privé d'un point (correspondant au point à l'infini).

Pour le sens indirect, on considère l'application continue bijective

$$\begin{aligned} \Gamma(1)\backslash \mathcal{H} &\longrightarrow \mathbb{C} \\ \tau &\longrightarrow j(\tau) \end{aligned} \qquad (2.1)$$

Alors l'image réciproque de $\mathbb{R}$ par cette application est homéomorphe à un cercle privé d'un point. Si on a donc un point vérifiant $j(P) \in \mathbb{R}$ et $q_c(P) \notin \mathbb{R}$ et $|\tau_0(P)| \neq 1$ on ajoute alors un point à notre ensemble et on obtient une image réciproque qui n'est plus homéomorphe à un cercle privé d'un point.

$\square$

Ainsi, si $j(P) \in \mathbb{Z}$ on a soit $\tau_0(P)$ appartient à la demi-droite $[e^{2i\pi\sqrt{3}/2}, i\infty[$ de sorte que $q_c(P) < 0$ et $j(P) \geq 0$ (on a $j(e^{e^{2i\pi\sqrt{3}/2}}) = 0$); soit il appartient à $[i, \infty[$, on a alors $q_c(P)$ et $j(P)$ strictement positif. Soit il appartient au segment hyperbolique $]i, e^{2i\pi\sqrt{3}/2}[$ et alors $j(P) \in]0, 1728[$.

2.2 Fonctions de Siegel

2.2.1 Définitions

Poursuivons notre étude de la courbe $X_{\text{ns}}^+(p)$ en étudiant certaines de ses fonctions. Pour cela comme bien souvent nous allons définir des fonctions de $X(p)$, puis en prenant la norme galoisienne nous en déduirons des fonctions sur notre courbe. Pour commencer nous introduisons les fonctions de Siegel à l'aide des formes de Klein.

Soit $r = (r_1, r_2) \in \mathbb{Q}^2 \setminus \mathbb{Z}^2$, on note $\mathfrak{k}_r(\tau)$ la forme de Klein associée à r. Elles sont définies à partir de la *fonction σ de Weierstrass*, comme par exemple dans [KL81] ou dans [KS10]. On a une présentation des formes de Klein sous forme de produit infini comme dans [EKS11] :

$$\mathfrak{k}_{(r_1,r_2)}(\tau) = e^{i\pi r_2(r_1-1)} q^{\frac{1}{2}r_1(r_1-1)}(1 - q^{r_1}e^{2i\pi r_2})$$
$$\times \prod_{n=1}^{\infty} \frac{\left(1 - q^{n+r_1}e^{2i\pi r_2}\right)\left(1 - q^{n-r_1}e^{-2i\pi r_2}\right)}{(1 - q^n)^2} \quad (2.2)$$

Les formes de Klein sont des fonctions holomorphes sans pôle ni zéro sur $\mathcal{H}$.

Dans la suite, nous utiliserons plusieurs ensembles isomorphes. Il convient de fixer les notations. Ainsi nous noterons toujours **a** les éléments de $(\mathbb{Z}/p\mathbb{Z})^2 \simeq (p^{-1}\mathbb{Z}/\mathbb{Z})^2$. Le contexte imposera toujours le choix de l'un des deux ensembles. Enfin nous noterons **ã** un relèvement de **a** à $p^{-1}\mathbb{Z}^2$.

Les formes de Klein ont les propriétés suivantes

2.2. Fonctions de Siegel

Proposition 2.2. *Soit* $\tilde{a} = (a_1/p, a_2/p)$ *un relèvement de* $a \in \left(\frac{1}{p}\mathbb{Z}/\mathbb{Z}\right)^2$, *et*
$\gamma = \begin{pmatrix} a & b \\ c & d \end{pmatrix} \in \Gamma(p)$ *on a alors*

$$\mathfrak{k}_{\tilde{a}} \circ \gamma(\tau) = (c\tau - d)^{-1}\mathfrak{k}_{\gamma \mathbf{a}} = (c\tau - d)^{-1}\varepsilon_{\mathbf{a}}(\gamma)\mathfrak{k}_{\tilde{a}}(\tau),$$

où $\varepsilon_{\tilde{a}}(\gamma)^{2p} = 1$, *plus précisément on a*

$$\varepsilon_{\tilde{a}}(\gamma) = -(-1)^{\left(\frac{a-1}{p}a_1 + \frac{c}{p}a_2 + 1\right)\left(\frac{d-1}{p}a_2 + \frac{c}{p}a_1 + 1\right)}e^{i\pi\left(ba_1^2 + (d-a)a_1a_2 - ca_2^2\right)/p^2}.$$

De plus si $\tilde{a}' = (a_1'/p, a_2'/p)$ *est un relèvement de* $a \in \frac{1}{p}\mathbb{Z}^2 \setminus \mathbb{Z}^2$ *est tel que* $\tilde{a} \equiv \tilde{a}' \mod \mathbb{Z}^2$ *on a*

$$\mathfrak{k}_{\tilde{a}}^{2p}(\tau) = \varepsilon_{\mathbf{a},\tilde{a}'}^{2p}\mathfrak{k}_{\tilde{a}'}^{2p}(\tau) = \mathfrak{k}_{\tilde{a}'}^{2p}(\tau) \qquad (2.3)$$

où $\varepsilon_{\tilde{a},\tilde{a}'}$ *est une racine de l'unité d'ordre divisant* $2p$.

Démonstration. Voir la propriété K3 de [KL81, Propriété K3] p. 28 pour la première partie. La deuxième partie est donnée par la proposition 2.3 de [KS10]. □

Au travers de cette proposition, on voit que les formes de Klein sont "presque" stables sous l'action de $\Gamma(p)$. En effet on peut supprimer la racine de l'unité en élevant à une puissance judicieusement choisie. Reste, alors, le terme $(c\tau - d)^{-1}$. Pour le neutraliser, nous allons utiliser la fonction η de Dedekind introduite à la définition 1.3. La fonction ainsi construite, sera appelée *fonction de Siegel*,

Définition 2.3. *Soit* $\tilde{a}$ *un relèvement de* $a = (a_1/p, a_2/p) \in \frac{1}{p}\mathbb{Z}^2/\mathbb{Z}^2$, *on appelle fonction de Siegel la fonction* $g_{\tilde{a}}$ *définie par*

$$g_{\tilde{a}}(\tau) = \mathfrak{k}_{\tilde{a}}(\tau)\eta^2(\tau).$$

En utilisant les formules (1.4) et (2.2), on obtient la formule

$$g_{\tilde{a}}(\tau) = -q^{B_2(a_1)/2}e^{\pi i a_2(a_1 - 1)}\prod_{n=0}^{\infty}\left(1 - q^{n+a_1}e^{2\pi i a_2}\right)\left(1 - q^{n+1-a_1}e^{-2\pi i a_2}\right). \qquad (2.4)$$

où $B_2(T) = T^2 - T + \frac{1}{6}$ *est le second polynôme de Bernoulli.*

Cette formule nous permet d'étudier plus précisément le comportement de $g_{\mathbf{a}}$. Par exemple on voit qu'elle a un zéro ou un pôle en ∞ d'ordre $B_2(a_1)/2$. On peut faire une analyse plus fine du comportement des fonctions de Siegel au voisinage de ∞.

Dans la suite on utilise la notation $O_1(\cdot)$ signifiant

$$A = O_1(B) \iff |A| \leq B \tag{2.5}$$

Cette notation nous permet d'expliciter les constantes des $O(\cdot)$ classiques.

Proposition 2.4. *Soit $\tilde{\mathbf{a}}$ un relèvement de $\mathbf{a} = (a_1, a_2) \in (p^{-1}\mathbb{Z}/\mathbb{Z})^2$ tel que $0 \leq a_1 < 1$. Soit n un entier positif. Alors*

$$\log |g_{\mathbf{a}}(q)| = \frac{B_2(a_1)}{2} \log |q| + \sum_{k=0}^{n-1} \left(\log \left| 1 - q^{k+a_1} e^{2\pi i a_2} \right| + \log \left| 1 - q^{k+1-a_1} e^{-2\pi i a_2} \right| \right)$$
$$+ O_1(2.02 |q|^n). \tag{2.6}$$

Démonstration. Nous devons seulement évaluer la somme

$$\sum_{k=n}^{\infty} \left(\log \left| 1 - q^{k+a_1} e^{2\pi i a_2} \right| + \log \left| 1 - q^{k+1-a_1} e^{-2\pi i a_2} \right| \right).$$

On rappelle que $|q| \leq 0.0044$.

De plus on a le lemme général suivant :

Lemme 2.5. *Pour $|z| \leq r < 1$ on a*

$$\left| \log |1 + z| \right| \leq \frac{-\log(1-r)}{r} |z|. \tag{2.7}$$

En appliquant ceci à chaque terme de la somme avec $r = 0.0044$, on obtient

$$1.003 \frac{|q|^{n+a_1} + |q|^{n+1-a_1}}{1 - |q|} \leq 2.02 |q|^n,$$

comme voulu. $\square$

Comme d'après (1.5), pour tout $\gamma = \begin{pmatrix} a & b \\ c & d \end{pmatrix} \in \Gamma(1)$, on a

$$\eta^{24} \circ \gamma(\tau) = (c\tau - d)^{12} \eta^{24}(\tau).$$

2.2. Fonctions de Siegel

La fonction $g_{\tilde{a}}$ vérifie pour tout $\gamma = \begin{pmatrix} a & b \\ c & d \end{pmatrix} \in \Gamma(p)$

$$g_{\tilde{a}}(\tau)^{12p} \circ \gamma = (c\tau - d)^{-12p} \mathfrak{t}_{\tilde{a}}^{12p}(\tau)(c\tau - d)^{12p}\eta_{\tau}^{24p} = g_{\tilde{a}}^{12p}(\tau) \qquad (2.8)$$

De sorte que $g_{\tilde{a}}^{12p}$ soit $\Gamma(p)$-automorphe de poids 0. De plus au vu du développement en produit de la fonction $g_{\mathbf{a}}$ (2.4) on a $g_{\tilde{a}}^{12p} \in \mathbb{Q}(\zeta_p)(X(p))$. Désormais on notera $u_{\tilde{a}}$ la fonction $g_{\tilde{a}}^{12p}$.

De plus, l'égalité (2.3) nous assure que $u_{\tilde{a}} = u_{\tilde{a}'}$ si $\tilde{a} \equiv \tilde{a}' \mod \mathbb{Z}^2$. Ainsi la fonction $u_{\tilde{a}}$ ne dépend pas du choix du représentant de $\mathbf{a}$. La fonction $u_{\mathbf{a}}$ est bien définie pour un élément $\mathbf{a}$ non nul de groupe abélien $(p^{-1}\mathbb{Z}/\mathbb{Z})^2$. Dans la suite on notera $u_{\mathbf{a}}$ au lieu de $u_{\tilde{a}}$ et l'on fixera pour chaque $\mathbf{a}$ non nul son relèvement $\tilde{a}$ vérifiant $0 \leq a_1, a_2 < 1$.

Les fonctions $u_{\mathbf{a}}$ ont la propriété suivante. L'action de $\mathrm{GL}_2(\mathbb{Z}/p\mathbb{Z})$ sur $(p^{-1}\mathbb{Z}/\mathbb{Z})^2$ est compatible avec l'action de Galois à droite de

$$\mathrm{Gal}(\mathbb{Q}(\zeta_p)(X(p))/\mathbb{Q}(j)),$$

isomorphe à $\mathrm{GL}_2(\mathbb{Z}/N\mathbb{Z})$. En effet pour $\mathbf{a} \in (N^{-1}\mathbb{Z}/\mathbb{Z})^2$ non nul et σ un élément de $\mathrm{GL}_2(\mathbb{Z}/N\mathbb{Z})$ on a (cf p.36 de [KL81])

$$u_{\mathbf{a}\sigma} = u_{\mathbf{a}}^{\sigma}. \qquad (2.9)$$

De plus, le groupe $\mathrm{SL}_2(\mathbb{F}_p) \simeq \Gamma(p)/\Gamma(1)$ agit naturellement (à gauche) sur l'ensemble des points $X(N)(\mathbb{C})$ identifié avec le quotient $\Gamma(N)\backslash\bar{\mathcal{H}}$. Cette action est, elle aussi, compatible avec les deux autres. Soit $\mathbf{a}$ un élément non nul de $(p^{-1}\mathbb{Z}/\mathbb{Z})^2$ et $\sigma \in \mathrm{SL}_2(\mathbb{Z}/N\mathbb{Z})$ on a

$$u_{\mathbf{a}\sigma} = u_{\mathbf{a}}^{\sigma} = u_{\mathbf{a}} \circ \sigma.$$

Ces actions sont détaillées dans [BP10, secion 4.2].

On attire l'attention, sur la coexistence de plusieurs actions. L'action **à droite** de $\mathrm{GL}_2(\mathbb{Z}/p\mathbb{Z})$ sur l'ensemble M_p correspond à l'action de Galois sur les fonctions de Siegel. Alors que l'action **à gauche** correspond à l'action de Galois sur les pointes.

2.2.2 Unités modulaires sur $X(p)$

Les unités modulaires sont des fonctions n'ayant ni zéro ni pôle en dehors des pointes. Elles jouent un rôle important dans la théorie des courbes modulaires et de leurs fonctions. Notre méthode repose sur l'existence de deux unités modulaires multiplicativement indépendantes. Pour construire de telles unités nous allons utiliser la théorie déjà existante, en utilisant les fonctions de Siegel. Le but de cette partie et de la suivante est d'introduire les unités modulaires sur $X_{\text{ns}}^+(p)$ ainsi que leurs propriétés.

Commençons par voir que les fonctions $u_{\mathbf{a}}$ sont des unités modulaires sur $X(p)$. Au vu de (2.4), sur $\mathcal{D}$, la fonction $u_{\mathbf{a}} = g_{\mathbf{a}}^{12p}$ a uniquement un zéro ou un pôle potentiel en ∞. De plus $X(p)$ est en bijection avec $\Gamma(p)\backslash\bar{\mathcal{H}}$. De sorte que les zéros et les pôles de $u_{\mathbf{a}}$ sont des pointes. Donc $u_{\mathbf{a}}$ est bien une unité modulaire.

Considérons le groupe abélien libre engendré par les diviseurs principaux des unités modulaires $(u_{\mathbf{a}})$ où $\mathbf{a} \in (p^{-1}\mathbb{Z}/\mathbb{Z})^2 \setminus \{(0,0)\},$. Les diviseurs de $u_{\mathbf{a}}$ sont à supports sur les pointes, ainsi le rang du groupe est majoré par le nombre de pointes. De plus, les diviseurs principaux sont de degré 0, ce qui nous donne une relation sur le groupe. On a ainsi un groupe abélien libre de rang au plus $\nu_\infty(X(p)) - 1$. En fait, ce rang est maximal, c'est l'objet du théorème suivant.

Théorème 2.6. *Les diviseurs principaux $(u_{\mathbf{a}})$ engendre un groupe abélien libre de rang $\nu_\infty(X(p)) - 1$.*

Démonstration. Une preuve de ce théorème se trouve dans le livre [KL81] au Chapitre 2, Théorème 3.1. □

On a alors la relation suivante sur les fonctions $u_{\mathbf{a}}$.

Proposition 2.7. *Avec les notations ci-dessus, en rappelant que l'on note*

$$M_p = (p^{-1}\mathbb{Z}/\mathbb{Z})^2 \setminus \{(0,0)\}.$$

On a

$$\prod_{\mathbf{a} \in M_p} u_{\mathbf{a}} = \pm p^{12p}.$$

Démonstration. Commençons par montrer que $\prod_{\mathbf{a}\in M_p} u_{\mathbf{a}}$ est constant. Pour tout $\sigma \in \mathrm{GL}_2(\mathbb{F}_p)$, la formule (2.9), entraine

$$\left(\prod_{\mathbf{a}\in M_p} u_{\mathbf{a}}\right)^\sigma = \prod_{\mathbf{a}\in M_p} u_{\mathbf{a}}^\sigma = \prod_{\mathbf{a}\in M_p} u_{\mathbf{a}\sigma} = \prod_{\mathbf{a}\in M_p} u_{\mathbf{a}}. \qquad (2.10)$$

par stabilité de M_p sous l'action de $\mathrm{GL}_2(\mathbb{F}_p)$. De sorte que $\prod_{\mathbf{a}\in M_p} u_{\mathbf{a}}$ est stable sous l'action du groupe de Galois $\mathrm{Gal}(\mathbb{Q}(\zeta_p)(X(p))/\mathbb{Q}(X(1)))$ et donc est une unité modulaire de $X(1)$. Seulement $X(1)$, a une seule pointe et donc les unités modulaires de $X(1)$ sont constantes de sorte que

$$\prod_{\mathbf{a}\in M_p} u_{\mathbf{a}} \in \mathbb{Q}. \qquad (2.11)$$

À l'aide de la formule (2.4), on évalue $u_{\mathbf{a}}$ en ∞ (2.4), et on obtient :

$$\prod_{\mathbf{a}\in M_p} u_{\mathbf{a}} = \omega \prod_{(a_1,a_2)\in M_p} \prod_{n=0}^{\infty} (1-q^{n+a_1}e^{2\pi i a_2})^{12p}(1-q^{n+1-a_1}e^{-2\pi i a_2})^{12p}$$

$$= \omega \prod_{\substack{(a_1,a_2)\in M_p \\ a_1=0}} (1-e^{2\pi i a_2})^{12p} \qquad \text{en évaluant en } q=0 \qquad (2.12)$$

$$= \omega \varphi_p(1)^{12p} = \omega \cdot p^{12p}.$$

où ω est une racine de l'unité et ϕ_p et le p-ème polynôme cyclotomique. Les seules racines de l'unité rationnelles sont ± 1. D'où la proposition. □

Puisque $u_{\mathbf{a}}$ n'a ni zéro ni pôle en dehors des pointes, $u_{\mathbf{a}}$ et $u_{\mathbf{a}}^{-1}$ sont entiers sur l'anneau $\mathbb{C}[j]$. En fait on a un peu plus :

Proposition 2.8. *Soit* $\mathbf{a} \in M_p$. *Alors* $u_{\mathbf{a}}$ *et* $(1-\zeta_p)^{12p}u_{\mathbf{a}}^{-1}$ *sont entiers sur* $\mathbb{Z}[j]$.

Démonstration. Voir [BP10, Proposition 4.2 :(i)]. □

2.3 Unités modulaires sur $X_{ns}^+(p)$

2.3.1 Construction d'unités modulaires

Nous présentons dans cette partie une méthode de construction d'unité modulaire sur $X_{ns}^+(p)$. Signalons que cette méthode est valable pour n'importe quelle courbe modulaire X_G, il suffit de remplacer dans la suite le groupe $\mathcal{C}_{\mathrm{ns}}^+(p)$ par G.

Dans la partie précédente nous avons construit des unités modulaires sur $X(p)$. C'est-à-dire des fonctions de $\mathbb{Q}(\zeta_p)(X(p))$, ayant des zéros et des pôles uniquement sur les pointes. On peut déduire de ces fonctions sur $X(p)$, des fonctions sur $X_{\mathrm{ns}}^+(p)$. En utilisant l'extension galoisienne

$$\mathbb{Q}(\zeta_p)(X(p))/\mathbb{Q}(X_{\mathrm{ns}}^+(p)),$$

de groupe de Galois $\mathcal{C}_{\mathrm{ns}}^+(p)$ et la norme induite, on construit une unité modulaire sur $X_{\mathrm{ns}}^+(p)$. Plus précisément, si H est un sous-groupe d'indice d de $\mathbb{F}_p^\times$ contenant -1 on définit G_H comme dans (1.21). Alors G_H agit à droite sur M_p Notons $\mathcal{O}$ une orbite pour cette action. De même que dans la proposition 1.11, on a une équation pour les orbites à droites, elles sont du type :

$$\mathcal{O}_a = \{(x,y) \in M_p,\ x^2 - \Xi^{-1}y^2 \in aH\} \qquad (2.13)$$

où $a \in \mathbb{F}_p^\times/H$. On a ainsi d orbites. Définissons maintenant les fonctions qui vont nous intéresser :

$$u_\mathcal{O} = \prod_{\mathbf{a} \in \mathcal{O}} u_\mathbf{a} \qquad (2.14)$$

Par construction, on a pour tout $\sigma \in \mathrm{Gal}(\mathbb{Q}(\zeta_p)(X(p))/\mathbb{Q}(\zeta_p)(X(p))^{G_H}$,

$$u_\mathcal{O}^\sigma = \left(\prod_{\mathbf{a} \in \mathcal{O}} u_\mathbf{a}\right)^\sigma = \prod_{\mathbf{a} \in \mathcal{O}} u_\mathbf{a}^\sigma = \prod_{\mathbf{a} \in \mathcal{O}\sigma} u_\mathbf{a} = u_\mathcal{O},$$

de sorte que $u_\mathcal{O}$ est un élément de $\mathbb{Q}(\zeta_p)(X(p))^{G_H} = \mathbb{Q}(\zeta_p)^H(X_{\mathrm{ns}}^+(p))$. On notera dans la suite $K = \mathbb{Q}(\zeta_p)^H$, on a donc $[K : \mathbb{Q}] = d$.

Remarque 2.9. On aurait pu tout aussi bien se contenter de travailler avec le groupe $G_{\pm 1}$. On aurait alors construit des fonctions de $\mathbb{Q}(\zeta_p)^+$. L'utilisation d'un groupe intermédiaire entre $G_{\pm 1}$ et $\mathcal{C}_{\mathrm{ns}}^+(p)$ nous permet de travailler dans un corps plus petit que $\mathbb{Q}(\zeta_p)^+$. D'un point de vue algorithmique, ceci a une importance capitale. En effet, nous aurons besoin de calculer un système d'unités fondamentales, ou du moins de rang maximal. Ce problème est un problème difficile à résoudre en général. Il est préférable de travailler dans des corps aussi petits que possible (de degré et de régulateur petits). À l'opposé, si nous utilisons le groupe $\mathcal{C}_{\mathrm{ns}}^+(p)$ tout entier, nous n'aurions qu'une seule orbite de pointes. Or nous avons vu au théorème 2.6, que le nombre de pointe est intimement lié au rang du groupe engendré par les stabilisateurs.

Pour tout $a, b \in \mathbb{F}_p^\times / H$, on peut choisir $\sigma_b \in \mathcal{C}_{\mathrm{ns}}^+(p)$ tel que $\det \sigma_b = b$, on définit l'action de b sur $\mathcal{O}_a$ par

$$b \cdot \mathcal{O}_a = \mathcal{O}_a \sigma_b = \{(x, y) : (x, y) \in M_p,\ x^2 - \Xi^{-1} y^2 \in abH\}.$$

Le même calcul que celui de la démonstration de la proposition 1.11, montre que l'action de σ_b ne dépend que de la classe modulo H du déterminant de σ_b. Ainsi cette action dépend uniquement de bH, et ne dépend ni du choix d'un représentant b ni du choix de σ_b. On définit ainsi une action de $\mathrm{Gal}(K/\mathbb{Q})$ sur les orbites de M_p/G_H. Par extension, on définit l'action sur les fonctions $u_\mathcal{O}$. Soit $\sigma \in \mathrm{Gal}(K/\mathbb{Q})$, on a alors

$$u_\mathcal{O}^\sigma = u_{\mathcal{O}_\sigma} \tag{2.15}$$

Ainsi toutes les fonctions que nous avons construites dans (2.14) sont conjuguées sur $\mathbb{Q}$.

On a l'analogue du théorème 2.6, dans ce cas. Il relie le rang du groupe engendré par les diviseurs et le nombre d'orbites de pointes.

Théorème 2.10. *Soit $\nu_\infty(X_{\mathrm{ns}}^+(p))$, le nombre de pointes de la courbe $X_{\mathrm{ns}}^+(p)$. Soit H un sous-groupe de $\mathbb{F}_p^\times$ contenant -1. On a vu dans la partie 1.2.2, que H agit sur les pointes de la courbe. On note $\nu_\infty^H(X_{\mathrm{ns}}^+(p))$ le nombre d'orbite ainsi obtenues. Alors le groupe engendré par les diviseurs des fonctions $(u_\mathcal{O})$, où $\mathcal{O}$ parcourt les G_H orbites de M_p, est un groupe libre de rang $\nu_\infty^H(X_{\mathrm{ns}}^+(p)) - 1$*

Remarque 2.11. Dans la remarque faite plus haut on expliquait l'importance de travailler dans un corps le plus petit possible. Dans la suite nous aurons besoin de deux unités modulaires multiplicativement indépendantes. Il faudra donc trouver un corps le plus petit possible dans lequel le groupe engendré par les diviseurs des unités modulaires ainsi construites a un rang supérieur ou égal à 2. Or nous pouvons facilement compter ce rang avec le théorème précédent, en effet on a $\nu_\infty^H(X_{\mathrm{ns}}^+(p)) = d$, on doit donc prendre d supérieur ou égal à trois. Pour chaque nombre premier p on cherche alors le plus petit diviseur supérieur à 3 de $(p-1)/2$. Malheureusement il arrive que ce nombre d ne soit autre que $(p-1)/2$ lui-même. Comme par exemple pour $p = 47, 59, 83, \ldots$. Les nombres premiers p tels que $2p + 1$ est un nombre premier sont appelés *nombre premier de Sophie Germain* . On a très peu de résultats concernant ces nombres, on conjecture qu'il y en a une infinité. Le plus grand premier de Sophie Germain connu est $18543637900515 \times 2^{666667} - 1$.

2.3.2 Une unité modulaire spéciale

Dans les parties précédentes, on a construit des unités modulaires vérifiant les conditions requises. Pour cela nous avons dû utiliser les fonctions g_a^{12p}, pour obtenir une fonction sur $X(p)$. Cette puissance p-ème, aura l'inconvénient de ralentir considérablement notre algorithme, notamment en faisant intervenir des "gros" coefficients dans les diviseurs des unités modulaires. Dans notre cas, la puissance $12p$ peut être remplacée par une constante plus petite. Pour cela on utilise la forme particulière des orbites $\mathcal{O}_a$.

Les propriétés que nous décrirons dans les deux prochains paragraphes sont énoncées pour un nombre premier p. Cependant elles restent vraies, avec une légère modification des énoncés, pour des nombres entiers.

Relations quadratiques

L'idée principale est d'utiliser les relations quadratiques décrites dans le théorème 5.2. de [KL81].

Théorème 2.12. *À chaque élément non nul* $\mathbf{a} = (a_1, a_2) \in (\mathbb{Z}/p\mathbb{Z})^2$ *on associe un entier* $m(\mathbf{a})$. *On fixe* $\mathbf{a} \mapsto \tilde{\mathbf{a}}$ *un relèvement de l'ensemble* $(\mathbb{Z}/p\mathbb{Z})^2$. *On note*

$$M = \sum_{\substack{\mathbf{a} \in (\mathbb{Z}/N\mathbb{Z})^2 \\ \mathbf{a} \neq 0}} m(\mathbf{a}). \tag{2.16}$$

1. Alors

$$\prod_{\substack{\mathbf{a} \in (\mathbb{Z}/p\mathbb{Z})^2 \\ \mathbf{a} \neq 0}} \mathfrak{k}_{\tilde{\mathbf{a}}}^{m(\mathbf{a})} \tag{2.17}$$

est $\Gamma(N)$*-automorphe (de niveau* $-M$*) si et seulement si*

$$\sum_{\substack{\mathbf{a} \in (\mathbb{Z}/p\mathbb{Z})^2 \\ \mathbf{a} \neq 0}} m(\mathbf{a}) a_1^2 = \sum_{\substack{\mathbf{a} \in (\mathbb{Z}/p\mathbb{Z})^2 \\ \mathbf{a} \neq 0}} m(\mathbf{a}) a_2^2 = \sum_{\substack{\mathbf{a} \in (\mathbb{Z}/p\mathbb{Z})^2 \\ \mathbf{a} \neq 0}} m(\mathbf{a}) a_1 a_2 = 0. \tag{2.18}$$

2. Si $p \geq 5$, alors
$$\prod_{\substack{\mathbf{a} \in (\mathbb{Z}/p\mathbb{Z})^2 \\ \mathbf{a} \neq 0}} g_{\tilde{\mathbf{a}}}^{m(\mathbf{a})} \tag{2.19}$$
est $\Gamma(p)$-automorphe (de niveau 0) si et seulement si on a (2.18) et $12 \mid M$.

On remarque que l'on a l'égalité
$$\prod_{\substack{\mathbf{a} \in (\mathbb{Z}/p\mathbb{Z})^2 \\ \mathbf{a} \neq 0}} g_{\tilde{\mathbf{a}}}^{m(\mathbf{a})} = \prod_{\substack{\mathbf{a} \in (\mathbb{Z}/p\mathbb{Z})^2 \\ \mathbf{a} \neq 0}} \mathfrak{k}_{\tilde{\mathbf{a}}}^{m(\mathbf{a})} \cdot \Delta^{M/12}, \tag{2.20}$$

où $\Delta = \eta^{24}$.

De plus, la deuxième partie du théorème entraine que le produit (2.19) est une fonction de $\mathbb{C}(X(p))$; en développant la fonction en série on s'aperçoit que la fonction appartient plus précisément à $\mathbb{Q}(\zeta_p)(X(p))$.

Nous devons faire attention, contrairement à ce qui se passait pour les fonctions de la partie précédente, les fonctions définies par (2.19) dépendent du choix d'un représentant $\tilde{\mathbf{a}}$ de $\mathbf{a}$. On a la proposition suivante :

Proposition 2.13. *À tout élément non nul* $\mathbf{a} \in (\mathbb{Z}/p\mathbb{Z})^2$ *on associe un entier* $m(\mathbf{a})$ *et on fixe deux relèvements distincts* $\mathbf{a} \mapsto \tilde{\mathbf{a}}$ *et* $\mathbf{a} \mapsto \tilde{\mathbf{a}}'$ *des éléments non nuls de* $(\mathbb{Z}/p\mathbb{Z})^2$. *Il existe, alors, une racine $2p$-ième de l'unité notée* ε *telle que*
$$\prod_{\substack{\mathbf{a} \in (\mathbb{Z}/p\mathbb{Z})^2 \\ \mathbf{a} \neq 0}} \mathfrak{k}_{\tilde{\mathbf{a}}'}^{m(\mathbf{a})} = \varepsilon \prod_{\substack{\mathbf{a} \in (\mathbb{Z}/p\mathbb{Z})^2 \\ \mathbf{a} \neq 0}} \mathfrak{k}_{\tilde{\mathbf{a}}}^{m(\mathbf{a})}. \tag{2.21}$$
Si, de plus, $12 \mid M$, où M est défini par (2.16), *alors*
$$\prod_{\substack{\mathbf{a} \in (\mathbb{Z}/p\mathbb{Z})^2 \\ \mathbf{a} \neq 0}} g_{\tilde{\mathbf{a}}'}^{m(\mathbf{a})} = \varepsilon \prod_{\substack{\mathbf{a} \in (\mathbb{Z}/p\mathbb{Z})^2 \\ \mathbf{a} \neq 0}} g_{\tilde{\mathbf{a}}}^{m(\mathbf{a})}. \tag{2.22}$$
Si pour tout $\mathbf{a}$, on a $2 \mid m(\mathbf{a})$ alors,
$$\varepsilon^p = 1. \tag{2.23}$$

Démonstration. Les égalités (2.21) et (2.23) se déduisent des propriétés des formes de Klein de la proposition 2.2.

Enfin l'égalité (2.22) se déduit facilement du reste en remarquant que dans l'égalité (2.20) le terme Δ ne dépend pas de $\mathbf{a}$ et donc pas du relèvement choisi. □

Action Galois

Dans la section précédente nous avons décrit une fonction sur $X(p)$ définie par (2.19). Dans cette partie nous décrivons l'action de Galois sur ses fonctions.

Proposition 2.14. *À chaque élément non nul* $\mathbf{a} = (a_1, a_2) \in (\mathbb{Z}/p\mathbb{Z})^2$ *on associe un entier* $m(\mathbf{a})$. *On fixe* $\mathbf{a} \mapsto \tilde{\mathbf{a}}$ *un relèvement de l'ensemble* $(\mathbb{Z}/p\mathbb{Z})^2$. *On suppose que l'on a l' égalité* (2.18) *et* $12 \mid M$. *On note*

$$f = \prod_{\substack{\mathbf{a} \in (\mathbb{Z}/p\mathbb{Z})^2 \\ \mathbf{a} \neq 0}} g_{\tilde{\mathbf{a}}}^{m(\mathbf{a})}.$$

Alors f *définit une fonction de* $\mathbb{Q}(\zeta_p)(X(p))$.

1. *Soit* $\sigma \in \mathrm{SL}_2(\mathbb{Z}/p\mathbb{Z})$ *et* $\tilde{\sigma}$ *un relèvement de* σ *à* $\Gamma(1)$. *Alors*

$$f^\sigma = \prod_{\substack{\mathbf{a} \in (\mathbb{Z}/p\mathbb{Z})^2 \\ \mathbf{a} \neq 0}} g_{\tilde{\mathbf{a}}\tilde{\sigma}}^{m(\mathbf{a})}. \tag{2.24}$$

2. *Soit* $\sigma \in \mathrm{GL}_2(\mathbb{Z}/p\mathbb{Z})$. *Alors il existe un relèvement* $\tilde{\sigma} \in \mathrm{M}_2(\mathbb{Z})$ *tel que l'on a* (2.24).

Démonstration. La première partie de la proposition, se déduit en utilisant d'une part la proposition 1.9 : 1, appliquée à la fonction $\mathfrak{k}_{\mathbf{a}}$, puis la proposition 2.2 et la définition de $g_{\mathbf{a}}$ assure le résultat. Plus précisément en notant

$$\tilde{\sigma} = \begin{pmatrix} a & b \\ c & d \end{pmatrix},$$

on a
$$f^\sigma(\tau) = f \circ \tilde{\sigma}(\tau)$$
$$= \prod_{\substack{\mathbf{a} \in (\mathbb{Z}/p\mathbb{Z})^2 \\ \mathbf{a} \neq 0}} \left(\mathfrak{k}_{\tilde{\mathbf{a}}} \circ \tilde{\sigma}(\tau)\right)^{m(\mathbf{a})} \cdot \left(\Delta \circ \tilde{\sigma}(\tau)\right)^{M/12}$$
$$= (c\tau + d)^{-M} \prod_{\substack{\mathbf{a} \in (\mathbb{Z}/p\mathbb{Z})^2 \\ \mathbf{a} \neq 0}} \mathfrak{k}_{\tilde{\mathbf{a}}\tilde{\sigma}}(\tau)^{m(\mathbf{a})} \cdot (c\tau + d)^M \Delta(\tau)^{M/12}$$
$$= \prod_{\substack{\mathbf{a} \in (\mathbb{Z}/p\mathbb{Z})^2 \\ \mathbf{a} \neq 0}} g_{\tilde{\mathbf{a}}\tilde{\sigma}}(\tau)^{m(\mathbf{a})},$$

où $\Delta = \eta^{24}$ est le discriminant modulaire défini dans la partie 1.1.2, en particulier Δ est une forme modulaire de poids 12 par rapport à $\Gamma(1)$.

2.3. Unités modulaires sur $X_{ns}^+(p)$

Pour la seconde partie de la proposition, on décompose σ en produit d'un élément de $\mathrm{SL}_2(\mathbb{Z}/p\mathbb{Z})$ et d'un élément de la forme

$$\begin{pmatrix} 1 & 0 \\ 0 & d \end{pmatrix}.$$

Une telle décomposition existe toujours, on choisit alors un relèvement de σ, $\tilde{\sigma}$ en relevant d. On obtient alors le résultat en utilisant la proposition 1.9, précisant l'action de Galois des éléments de cette forme et le développement de $g_{\mathbf{a}}$ en produit infini (2.4). $\square$

Conclusion

Dans cette partie nous cherchons un entier $\mathfrak{s}$ tel que

$$\prod_{\mathbf{a}\in\mathcal{O}} g_{\tilde{\mathbf{a}}}^{\mathfrak{s}} \tag{2.25}$$

définit une fonction de $K(X_{ns}^+(p))$, où $K = \mathbb{Q}(\zeta_p)^H$. On a déjà montré dans la partie 2.3 que l'on peut prendre $\mathfrak{s} = 12p$. Nous montrons dans cette partie que l'on peut faire mieux dans notre cas. On fixe une racine primitive p-ème de l'unité notée ζ_p.

Théorème 2.15. *Soit $p \geq 7$, H un sous groupe d'indice d de $\mathbb{F}_p^{\times}$ contenant -1, G_H défini par (1.21) et $\mathcal{O}$ une G_H-orbite à droite de M_p. Supposons que*

$$\sum_{\mathbf{a}\in\mathcal{O}} a_1^2 = \sum_{\mathbf{a}\in\mathcal{O}} a_1 a_2 = \sum_{\mathbf{a}\in\mathcal{O}} a_2^2. \tag{2.26}$$

Soit $\mathfrak{s}$ un entier vérifiant

$$2 \mid \mathfrak{s}, \quad 12 \mid \mathfrak{s}|\mathcal{O}|. \tag{2.27}$$

On fixe un relèvement $\mathbf{a} \mapsto \tilde{\mathbf{a}}$ de $\mathcal{O}$ et on note f le produit (2.25). Alors f définit une fonction sur $\mathbb{Q}(\zeta_p)(X_{ns}^+(p))$. De plus il existe un entier $k \in \mathbb{Z}$ (unique $\mathrm{mod}\, p$) tel que $\zeta_p^k f \in K(X_{ns}^+(p))$, où $K = \mathbb{Q}(\zeta_p)^H$.

Démonstration. Pour démontrer ce théorème on utilise le résultat général de Théorie de Kummer suivant :

Lemme 2.16. *Soit p un nombre premier et F un corps de nombre de caractéristique différente de p. Soit α un élément de la clôture algébrique $\bar{F}$, et $\zeta_p \in \bar{F}$ une racine primitive p-ème de l'unité. On suppose que $\alpha^p \in F$. Alors soit $[F(\alpha) : F] = p$, soit il existe $k \in \mathbb{Z}$ (unique $\mathrm{mod}\, p$ quand $\zeta_p \notin F$) tel que $\zeta_p^k \alpha \in F$. En particulier, si $\zeta_p \in F$ on a soit $[F(\alpha) : F] = p$ soit $\alpha \in F$.*

Le théorème 2.12 entraîne que f definit une fonction de $\mathbb{Q}(\zeta_p)(X(p))$. On étudie l'action de Galois de G_H sur f. On fixe $\sigma \in G_H$. La proposition 2.14 :2 entraîne l'existence $\tilde{\sigma} \in \mathrm{M}_2(\mathbb{Z})$ tel que

$$f^\sigma = \prod_{\mathbf{a} \in \mathcal{O}} g_{\mathbf{a}\tilde{\sigma}}^6. \tag{2.28}$$

Comme $\mathcal{O}$ est G_H-invariant, on a $\mathcal{O}\sigma^{-1} = \mathcal{O}$. En considérant un autre relèvement $\mathbf{a} \mapsto \tilde{\mathbf{a}}'$ de $\mathcal{O}$ defini par $\tilde{\mathbf{a}}' = \widetilde{\mathbf{a}\sigma^{-1}}\tilde{\sigma}$, où $\widetilde{\mathbf{a}\sigma^{-1}}$ est le relèvement de $\mathbf{a}\sigma^{-1}$. Alors (2.28) peut s'écrire

$$f^\sigma = \prod_{\mathbf{a} \in \mathcal{O}} g_{\tilde{\mathbf{a}}'}^6.$$

Enfin la proposition 2.13 entraîne que f^σ/f est une racine primitive p-ème de l'unité. On a montré que f^p est invariant sous l'action du groupe de galois G_H, d'où $f^p \in K(X_G)$. Le Lemme 2.16 suffit pour conclure. $\square$

Avant de montrer que les orbites à droite vérifient la condition (2.26), nous étblissons le corollaire suivant permettant d'éviter la multiplication par une racine de l'unité.

Corollaire 2.17. *On garde les mêmes notations que dans le théorème 2.15. On suppose de plus que le relèvement choisit pour $\mathcal{O}$ vérifie la condition pour $\mathbf{a} = (a_1, a_2) \in \mathcal{O}$ (on a alors $(a_1, -a_2) \in \mathcal{O}$ car $\begin{pmatrix} 1 & 0 \\ 0 & -1 \end{pmatrix} \in G_H$)*

$$\widetilde{(a_1, -a_2)} = (\tilde{a}_1, -\tilde{a}_2) \tag{2.29}$$

Alors

$$f \in K(X_{\mathrm{ns}}^+(p)).$$

Démonstration. Comme $-1 \in H$, on a $K \subset \mathbb{Q}(\zeta_p + \bar{\zeta}_p)$. De plus, la condition sur les relèvements entraine que f est stable sous l'action de $\begin{pmatrix} 1 & 0 \\ 0 & -1 \end{pmatrix}$. Le sous-corps de $\mathbb{Q}(\zeta_p)(X_{\mathrm{ns}}^+(p))$ fixé par l'élément de G_H ci-dessus est $\mathbb{Q}(\zeta_p+\bar{\zeta}_p)(X_{\mathrm{ns}}^+(p))$.

Le théorème entraine alors $f \in \mathbb{Q}(\zeta_p + \bar{\zeta}_p)(X_{\mathrm{ns}}^+(p))$ et $\zeta_p^k \in K(X_{\mathrm{ns}}^+(p))$. On a alors $\zeta_p^k \in \mathbb{Q}(\zeta_p + \bar{\zeta}_p)$ et donc $k = 1$. $\square$

On peut maintenant énoncer le théorème final de cette partie, établissant les unités modulaires que nous allons utiliser dans la suite.

Théorème 2.18. *Soit $p \geq 7$, H un sous-groupe d'indice d de $\mathbb{F}_p^\times$ contenant -1, G_H défini par (1.21) et $\mathcal{O}$ une G_H-orbite à droite de M_p. On note $K = \mathbb{Q}(\zeta_p)^H$. On fixe un relèvement de $\mathcal{O}$ vérifiant la condition (2.29). Soit $\mathfrak{s}$ un entier vérifiant*
$$2 \mid \mathfrak{s}, \quad 12 \mid \mathfrak{s}|\mathcal{O}|.$$
Alors
$$f = \prod_{\mathbf{a} \in \mathcal{O}} g_{\mathbf{a}}^{\mathfrak{s}} \in K(X_{\mathrm{ns}}^+(p)).$$

Démonstration. Il nous suffit de vérifier que toute G_H-orbite à droite de M_p : $\mathcal{O}$ satisfait (2.26).

Rappelons que si $\Xi \in \mathbb{F}_p$ n'est pas un carré mod p alors
$$\mathcal{O} = \{(a_1/p, a_2/p) \text{ tels que } a_1^2 - \Xi a_2^2 \in cH\}.$$

Commençons par calculer $\sum_{\mathbf{a} \in \mathcal{O}} a_1^2$ en distinguant deux cas :
- Si -1 est un carré modulo p, disons $-1 = \lambda^2$, alors si $(a_1, a_2) \in \mathcal{O}$, $(\Xi a_1, \lambda a_2) \in \mathcal{O}$ d'après la forme particulière des orbites, de sorte que
$$\sum_{\mathbf{a} \in \mathcal{O}} a_1^2 = \sum_{\mathbf{a} \in \mathcal{O}} (\Xi a_1)^2 = -\sum_{\mathbf{a} \in \mathcal{O}} a_1^2,$$
d'où le résultat dans ce cas. On remarque d'ailleurs que la même démonstration tient pour $\sum_{\mathbf{a} \in \mathcal{O}} a_2^2 = 0$.
- Si -1 n'est pas un carré modulo p, alors les orbites sont de la forme
$$\{(a_1, a_2), \mid a_1^2 + a_2^2 \in cH\}.$$

Soit $h_1 \in H$ il y a alors $p+1$ éléments de $\mathcal{O}$ tels que $a_1^2 + a_2^2 = h_1$ et $p+1$ éléments tels que $a_1^2 + a_2^2 = -h_1$ enfin si $(a_1, a_2) \in \mathcal{O}$ alors $(a_2, a_1) \in \mathcal{O}$, on obtient :
$$2 \sum_{\mathbf{a} \in \mathcal{O}} a_1^2 = \sum_{\mathbf{a} \in \mathcal{O}} a_1^2 + a_2^2 = (p+1) \sum_{h \in H} h = 0.$$
Ainsi $\sum_{\mathbf{a} \in \mathcal{O}} a_1^2 = \sum_{\mathbf{a} \in \mathcal{O}} a_2^2 = 0$.

Il nous reste à calculer $\sum_{\mathbf{a}\in\mathcal{O}} a_1 a_2$, or comme $(a_1, a_2) \in \mathcal{O} \implies (a_1, -a_2) \in \mathcal{O}$ on a

$$2 \sum_{\mathbf{a}\in\mathcal{O}} a_1 a_2 = \sum_{\mathbf{a}\in\mathcal{O}} a_1 a_2 + \sum_{\mathbf{a}\in\mathcal{O}} a_1(-a_2) = 0 \qquad (2.30)$$

d'où le résultat. □

Remarque 2.19. En utilisant le cardinal des orbites $\mathcal{O}$: $|\mathcal{O}| = 2(p+1)|H|$, on montre que l'on peut choisir

$$\mathfrak{s} = 2 \cdot \text{pgcd}\left(3, \frac{p+1}{2}|H|\right).$$

Ainsi $s = 2$ ou 6. Il est important dans la suite, de garder en mémoire que le nombre $\mathfrak{s}$ est un entier parfaitement connu. Nous majorerons $\mathfrak{s}$ par 6 dans la suite, sans le préciser systématiquement.

Avant de conclure cette partie on donne le diagramme suivant permettant de visualiser les extensions de Galois correspondant aux corps de fonctions des courbes modulaires $X(1)$, $X(p)$ et $X_{\text{ns}}^+(p)$.

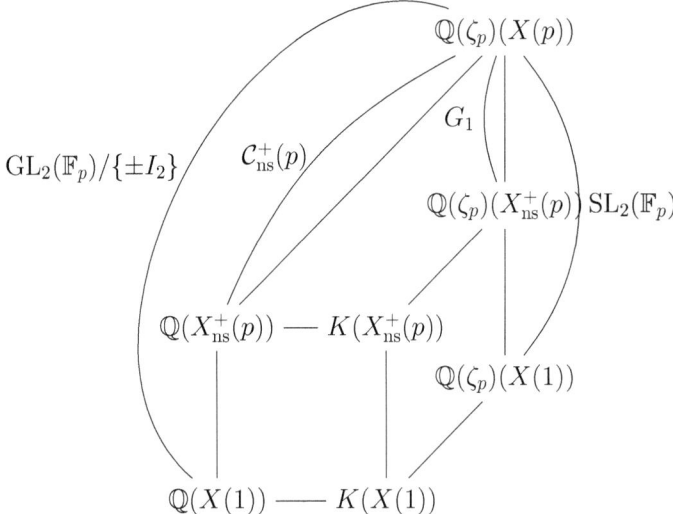

FIGURE 2.2 – Extensions de corps de fonctions des courbes modulaires

Dans la suite nous désignerons $u_{\mathcal{O}}$ par $\prod_{\mathbf{a}\in\mathcal{O}} g_{\mathbf{a}}^{\mathfrak{s}}$. Les résultats que nous avons obtenus tels que la proposition 2.7 ou le théorème 2.10 s'adaptent parfaitement à cette situation.

2.4 Étude asymptotique des unités modulaires

Dans cette section nous poursuivons l'étude des unités modulaires. Nous allons étudier leurs comportement au voisinage des pointes. Cette étude nécessite une certaine finesse dans les majorations. Notamment en vue de l'étape de réduction décrite dans la partie 3.1. Nous avons déjà étudier rapidement le comportement asymptotique des fonctions de Siegel, au voisinage de la pointe à l'infini dans (2.6). Nous avons ici deux objectifs, tout d'abord nous voulons déterminer complètement les diviseurs des unités modulaires introduites plus haut. Pour cela nous aurons besoin d'estimer leurs ordres au voisinage de toutes les pointes. Mais pour notre travail, la simple connaissance de l'ordre des unités modulaires au voisinage des pointes ne suffira pas, il nous faudra étudier le comportement au voisinage de chaque pointe.

2.4.1 Diviseurs des unités modulaires

Soit c une pointe de $X_{\text{ns}}^+(p)$, on fixe un système de représentants optimal Σ comme défini dans la partie 1.2.2. Soit $\sigma \in \Sigma$ tel que $\sigma(\infty) = c$. Alors pour $P \in \Omega_c$, on a

$$u_{\mathbf{a}}(P) = u_{\mathbf{a}}(\tau(P)) = u_{\mathbf{a}\sigma}\left(\sigma^{-1}(\tau(P))\right) = u_{\mathbf{a}\sigma}(\tau_0(P)).$$

Grâce à cette formule on peut calculer l'ordre de $u_{\mathcal{O}}$ en c

Proposition 2.20. *Soit c une pointe de $X_{\text{ns}}^+(p)$. Soit $u_{\mathcal{O}}$ une unité modulaire comme décrite dans la partie 2.3 où $\mathcal{O}$ est une G_H orbite à droite de M_p. On a alors*

$$\text{Ord}_c(u_{\mathcal{O}}) = \mathfrak{s}p \sum_{\mathbf{a}=(a_1,a_2)\in\mathcal{O}\sigma} \frac{B_2\left(a_1 - \lfloor a_1 \rfloor\right)}{2}.$$

Démonstration. D'une part on a l'ordre

$$\text{Ord}_q(g_{\mathbf{a}}^{\mathfrak{s}}) = \mathfrak{s}\frac{B_2\left(a_1 - \lfloor a_1 \rfloor\right)}{2},$$

par 1-périodicité du polynôme de Bernouilli. D'autre part chaque pointe c de $X_{\mathrm{ns}}^+(p)$ a un indice de ramification p. De sorte que pour chaque pointe c_∞, d'image ∞ par le morphisme naturel $X_{\mathrm{ns}}^+(p) \longrightarrow X(1)$, on a

$$\mathrm{Ord}_{c_\infty}(g_{\mathbf{a}}^{\mathfrak{s}}) = \mathfrak{s}p\frac{B_2(a_1 - \lfloor a_1 \rfloor)}{2}.$$

Par somme, on obtient le résultat voulu pour $c = c_\infty$. En ce qui concerne l'étude d'une pointe quelconque. La formule précédant la proposition donne pour $\sigma \in \Sigma$ tel que $\sigma(\infty) = c$,

$$\mathrm{Ord}_c(u_{\mathbf{a}}) = \mathrm{Ord}_{c_\infty}(u_{\mathbf{a}\sigma}).$$

D'où le résultat. □

Cette formule nous permet de calculer facilement les diviseurs des unités modulaires considérées.

Exemple 2.21. Soit $p = 13$, en prenant $H = \{\pm 1, \pm 5\}$ et en notant $\mathcal{O}_i$ les orbites à droites de M_p définies par

$$\mathcal{O}_i = \{(x,y) \in M_p,\ a^2 - 2^{-1}b^2 \in iH\}, \quad i = 1, 2, 4.$$

On note alors $U_i = U_{\mathcal{O}_i}$. La courbe $X_{\mathrm{ns}}^+(13)$ a 6 pointes décrites par les orbites à gauche de M_p. On note c_i la pointe correspondant à l'orbite $\mathcal{L}_i$:

$$\mathcal{L}_i = \{(x,y) \in M_p,\ x^2 - 2y^2 = \pm i\}, \quad i = 1, 2, \ldots, 6.$$

On obtient alors les diviseurs suivants :

$$(U_1) = -260\,(c_1) + 364\,(c_2) + 364\,(c_3) - 104\,(c_4) - 260\,(c_5) - 104\,(c_6)$$
$$(U_2) = -104\,(c_1) - 260\,(c_2) - 260\,(c_3) + 364\,(c_4) - 104\,(c_5) + 364\,(c_6)$$
$$(U_3) = +364\,(c_1) - 104\,(c_2) - 104\,(c_3) - 260\,(c_4) + 364\,(c_5) - 260\,(c_6)$$

2.4.2 Développement asymptotique des unités modulaires

Nous allons maintenant chercher un développement asymptotique des fonctions $u_\mathcal{O}$ au voisinage d'une pointe arbitraire c. On rappelle que les pointes de $X_{\mathrm{ns}}^+(p)$ sont ramifiées d'indice p.

2.4. Étude asymptotique des unités modulaires

Proposition 2.22. *Soit n un entier positif. Then for $P \in \Omega_c$*

$$\log|u_{\mathcal{O}}(P)| = \frac{\mathrm{Ord}_c(u_{\mathcal{O}})}{p} \log|q_c|$$
$$+ \mathfrak{s} \sum_{(a_1,a_2) \in \mathcal{O}\sigma_c} \sum_{k=0}^{n-1} \left(\log\left|1 - q_c^{k+a_1} e^{2\pi i a_2}\right| + \log\left|1 - q_c^{k+1-a_1} e^{-2\pi i a_2}\right| \right)$$
$$+ O_1\bigl(2.02 s |\mathcal{O}| |q_c|^n\bigr),$$
(2.31)

où on note q_c au lieu de $q_c(P)$ et pour $a \in \mathbb{Q}/\mathbb{Z}$ on définit q_c^a comme $q_c^{\tilde{a}}$, où $\tilde{a}$ est un relèvement de a à $[0,1)$.

Démonstration. Comme on a

$$\log|u_{\mathcal{O}}(P)| = \mathfrak{s} \sum_{\mathbf{a} \in \mathcal{O}\sigma_c} \log|g_{\mathbf{a}}(q_c)|.$$

En utilisant les formules (2.6) et (1.28) on voit facilement que

$$\log|u_{\mathcal{O}}(P)| = \frac{\mathrm{Ord}_c(u_{\mathcal{O}})}{p} \log|q_c|$$
$$+ \sum_{(a_1,a_2) \in \mathcal{O}\sigma_c} \sum_{k=0}^{n-1} \left(\log\left|1 - q_c^{k+a_1} e^{2\pi i a_2}\right|^{\mathfrak{s}} + \log\left|1 - q_c^{k+1-a_1} e^{-2\pi i a_2}\right|^{\mathfrak{s}} \right)$$
$$+ \mathfrak{s} \sum_{(a_1,a_2) \in \mathcal{O}\sigma_c} O_1\bigl(2.02 |q_c|^n\bigr)$$
(2.32)

Ce qui, en additionnant les restes O_1, conduit au résultat voulu. □

Dans la formule (2.31), le terme sous la somme peut être coupé en deux. En effet, excepté pour les termes avec $a_1 = 0$, ce terme est asymptotiquement petit. Il parait donc judicieux d'extraire ceux-ci de la somme. Notons

$$\gamma_c = \prod_{\substack{(a_1,a_2) \in \mathcal{O}\sigma_c \\ a_1 = 0}} (1 - e^{2\pi i a_2})^{\mathfrak{s}}.$$

L'équation (2.31) s'écrit alors

$$\log|u_{\mathcal{O}}(P)| = \frac{\mathrm{Ord}_c(u_{\mathcal{O}})}{p}\log|q_c| + \log|\gamma_c|$$
$$+ \mathfrak{s}\left(\sum_{\substack{(a_1,a_2)\in\mathcal{O}\sigma_c \\ a_1\neq 0}}\sum_{k=0}^{n-1}\log\left|1-q_c^{k+a_1}e^{2\pi i a_2}\right| + \sum_{\substack{(a_1,a_2)\in\mathcal{O}\sigma_c \\ a_1=0}}\sum_{k=1}^{n-1}\log\left|1-q_c^k e^{2\pi i a_2}\right|\right)$$
$$+ \mathfrak{s}\sum_{(a_1,a_2)\in\mathcal{O}\sigma_c}\sum_{k=0}^{n-1}\log\left|1-q_c^{k+1-a_1}e^{-2\pi i a_2}\right|$$
$$+ O_1\big(2.02\mathfrak{s}|\mathcal{O}||q_c|^n\big). \tag{2.33}$$

En utilisant ceci avec $n=1$, on obtient

Proposition 2.23. *On suppose que* $|q_c(P)|\leq 10^{-p}$. *On note*

$$\Theta_c = \max_{k=0,\ldots,N-1}|\{(a_1,a_2)\in\mathcal{O}\sigma_c : a_1 = k/N\}|.$$

Alors

$$\log|u_{\mathcal{O}}(P)| = \frac{\mathrm{Ord}_c(u_{\mathcal{O}})}{e_c}\log|q_c| + \log|\gamma_c| + O_1\big(3\mathfrak{s}\Theta_c|q_c|^{1/p}\big) \tag{2.34}$$

Démonstration. En utilisant (2.7) avec $r=10^{-p}$ et l'équation (2.33) avec $n=1$ on obtient :

$$\log|u_{\mathcal{O}}(P)| = \frac{\mathrm{Ord}_c(u_{\mathcal{O}})}{e_c}\log|q_c| + \log|\gamma_c|$$
$$+ O_1\left(2\mathfrak{s}\Theta_c\frac{-\log(1-10^{-1})}{10^{-1}}\sum_{k=1}^{N-1}|q_c|^{k/N} + 2.02\mathfrak{s}|\mathcal{O}||q_c|\right).$$

On estime le reste O_1 par

$$2\mathfrak{s}\Theta_c\frac{-\log(1-10^{-1})}{10^{-1}\cdot(1-10^{-1})}|q_c|^{1/p} + 2.02\mathfrak{s}|\mathcal{O}||q_c| \leq 2.35\mathfrak{s}\Theta_c|q_c|^{1/p} + 2.02\mathfrak{s}|\mathcal{O}||q_c|. \tag{2.35}$$

Finalement, comme $|\mathcal{O}|\leq p\Theta_c$ et $|q_c|\leq 10^{-(p-1)}|q_c|^{1/p}$, on majore le terme de droite par $3\mathfrak{s}\Theta_c|q_c|^{1/p}$ (Ici on utilise $p\geq 7$). □

Remarque 2.24. On peut obtenir une formule plus uniforme en majorant Θ_c. En effet l'orbite est de la forme

$$\mathcal{O} = \{(x,y)\in M_p,\ x^2 - \Xi^{-1}y^2 \in bH\}.$$

Si l'on fixe x, on a $2|H|$ choix pour y, tel que $(x,y) \in \mathcal{O}$. Comme $|H| = (p-1)/d$, le nombre d'élément de $\mathcal{O}$ ayant pour première coordonné x est au plus $2(p-1)/d$.

Cette majoration nous sera utile dans la suite. L'hypothèse faite sur $|q_c(P)|$ n'est pas d'une grande importance, nous verrons que si elle n'est pas vérifiée nous aurons une bonne borne.

2.5 Borne de Baker

Dans cette partie, nous allons utiliser tout ce qui précède pour trouver une borne sur les points entiers de la courbe. Cette borne donnera lieu dans la partie suivante à une étude théorique permettant de majorer le j-invariant d'un point entier. La méthode de Baker introduite dans de nombreux problèmes diophantiens, repose sur l'estimation de formes linéaires de logarithmes. En effet, la théorie de Baker permet de minorer une telle forme en fonction de ses coefficients. Il nous suffit alors de la majorer convenablement pour en déduire des informations sur ses coefficients. Nous allons essayer de mettre cette méthode en œuvre dans cette partie.

2.5.1 Préliminaires

Dans la suite, on fixe une unité modulaire $U = u_{\mathcal{O}} \in K(X_{\text{ns}}^+(p))$. On note $\text{Gal}(K/\mathbb{Q}) = \{\sigma_1 = Id, \sigma_2, \ldots, \sigma_d\}$ et $U_i = U^{\sigma_i} = U_{\mathcal{O}\sigma_i}$. Enfin P désigne un point entier de $X_{\text{ns}}^+(p)$, tel que $\tau(P) \in \Omega_c$.

D'après la proposition 2.7 on a,
$$\prod_{\sigma \in \text{Gal}(K/\mathbb{Q})} U^\sigma = \pm p^5, \qquad (2.36)$$

La proposition 2.8, entraîne que l'idéal de K engendré par $U(P)$ est un idéal entier de la forme $(\mu)^{b_0}$, où

$$\mu = \mathcal{N}_{\mathbb{Q}(\zeta_p)/K}(1 - \zeta_p),$$

et b_0 est un entier positif. Comme p se factorise dans K en

$$(p) = (\mu)^d,$$

on déduit $b_0 = \mathfrak{s}$.

De plus, par stabilité galoisienne sur $\mathbb{Q}$ de l'idéal (η_0), on a $(U_i(P))^\sigma = (\mu)^{b_0}$, pour $i = 1, \ldots, d$. De sorte que

$$U(P) = \mu^{\mathfrak{s}} \cdot \eta,$$

où $\eta \in K^\times$. Dans la suite au note $\eta_0 = \mu^{\mathfrak{s}}$.

Soit $\eta_1, \ldots, \eta_{d-1}$ un système d'unités de rang maximal. On note m l'indice du groupe des unités engendré par ce système dans le groupe des unités. Comme le système est de rang maximal l'indice m est fini, on verra dans la suite comment on peut le majorer. On a

$$U(P)^m = \eta_0^m \cdot \eta_1^{b_1} \cdots \eta_{d-1}^{b_{d-1}}.$$

Lorsque l'on a un système d'unités fondamentales, ce qui peut être le cas par exemple si le degré de K est petit, alors on a $m = 1$.

Soit $\sigma_k \in \mathrm{Gal}(K/\mathbb{Q})$, alors

$$((U^{\sigma_k}(P))^m = (\eta_0^{\sigma_k})^m \cdot (\eta_1^{\sigma_k})^{b_1} \cdots (\eta_{d-1}^{\sigma_k})^{b_{d-1}}. \qquad (2.37)$$

En considérant le logarithme de toutes ses expressions on obtient un système linéaire. On peut alors en déduire une expression pour les exposants b_k en inversant le système.

Puisque les nombres algébriques réels $\eta_1, \ldots, \eta_{d-1}$ sont multiplicativement indépendants, la matrice réelle $d \times d$:

$$\left[\log |\eta_\ell^{\sigma_k}|\right]_{0 \leq k, \ell \leq d-1},$$

est inversible. Notons $[\alpha_{kl}]_{1 \leq k, \ell \leq d-1}$ son inverse. Alors

$$b_k = m \sum_{\ell=1}^{d-1} \alpha_{k\ell} \log |U^{\sigma_\ell}(P)| \qquad (k = 1, \ldots, d-1). \qquad (2.38)$$

On a la proposition suivante :

Proposition 2.25. *Soit c une pointe de $X_{\mathrm{ns}}^+(p)$, on note :*

$$\delta_{c,k} = m\frac{1}{p} \sum_{\ell=1}^{d-1} \alpha_{k\ell} \mathrm{Ord}_c U^{\sigma_\ell}, \quad \gamma_{c,\ell} = \prod_{\substack{(a_1, a_2) \in \mathcal{O}\sigma_\ell \sigma_c \\ a_1 = 0}} (1 - e^{2\pi i a_2})^{\mathfrak{s}},$$

$$\beta_{c,k} = m \sum_{\ell=1}^{d-1} \alpha_{k\ell} \log |\gamma_{c,\ell}|, \quad \kappa = \max_k \sum_{\ell=1}^{d-1} |\alpha_{k\ell}|. \qquad (2.39)$$

2.5. Borne de Baker

Alors pour un point entier $P \in \Omega_c$ *tel que* $|q_c(P)| \le 10^{-p}$ *on a*

$$b_k = \delta_{c,k}\log|q_c| + \beta_{c,k} + O_1\left(6m\mathfrak{s}\frac{p-1}{d}\kappa|q_c|^{1/p}\right), \quad (k=1,\ldots,d-1). \quad (2.40)$$

où l'on note q_c *au lieu de* $q_c(P)$

Démonstration. Dans l'équation 2.38 on remplace $\log|U^{\sigma_\ell}(P)|$ par l'estimation obtenue dans (2.35). On obtient après calcul

$$b_k = \delta_{c,k}\log|q_c| + \beta_{c,k} + O_1\left(3m\kappa\mathfrak{s}\Theta_c|q_c|^{1/p}\right). \quad (2.41)$$

On conclut, en utilisant la remarque 2.24. □

2.5.2 Forme linéaire de logarithmes et majoration

Commençons cette partie par un heuristique. Considérons deux unités modulaires U et U^σ, multiplicativement indépendantes et $P \in \Omega_c$ un point entier proche d'une pointe c. D'après l'équation (2.31) on a

$$U(P) \sim \gamma_c q_c^{\mathrm{Ord}_{q_c}U}, \qquad U(P)^\sigma \sim \gamma_{c,\sigma}q_c^{\mathrm{Ord}_{q_c}U^\sigma}.$$

De sorte que

$$U(P)^{\mathrm{Ord}_{q_c}U^\sigma}\left(U(P)^\sigma\right)^{-\mathrm{Ord}_{q_c}U} \sim \alpha,$$

où α est une constante. D'un autre côté, au vu de (2.37) il est clair que le terme de droite est une unité de K. Ainsi α est proche d'une unité, en décomposant cette unité dans le système d'unités maximal et en prenant le logarithme on obtient alors une forme linéaire de logarithmes, notée Λ proche de 0. La théorie de Baker nous donnera alors un minorant pour $|\Lambda|$, tandis que le travail réalisé plus haut, sur le comportement asymptotique des unités modulaires nous donnera un majorant. La comparaison des deux nous permettra alors d'obtenir une borne.

$$W = \begin{cases} U^{\mathrm{Ord}_c U^\sigma}(U^\sigma)^{-\mathrm{Ord}_c U} & \text{si } \mathrm{Ord}_c U \ne 0 \\ U & \text{si } \mathrm{Ord}_c U = 0 \end{cases},$$

De sorte que W n'ait ni pôle ni zéro en c. La construction d'une telle fonction est possible grâce au théorème 2.10, en imposant

$$d \ge 3.$$

Si $\mathrm{Ord}_c U = 0$, l'équation 2.34 conduit à

$$\log|U(P)| = -\log|\gamma_c|^{-1} + O_1\left(36\frac{p-1}{d}|q_c|^{1/p}\right) \qquad (2.42)$$

Si $\mathrm{Ord}_c U \neq 0$, on obtient alors

$$\log|U(P)| = -\log\left|\frac{\gamma_c^{\mathrm{Ord}_c U^\sigma}}{\gamma_{c,\sigma}^{\mathrm{Ord}_c U}}\right|^{-1} + O_1\left(36\frac{p-1}{d}\left(|\mathrm{Ord}_c U| + |\mathrm{Ord}_c U^\sigma|\right)|q_c|^{1/p}\right). \qquad (2.43)$$

où

$$\gamma_{c,\sigma} = \prod_{\substack{(a_1,a_2)\in\mathcal{O}_{\sigma\sigma_c} \\ a_1=0}} (1 - e^{2\pi i a_2})^s,$$

Pour majorer les ordres nous utilisons la proposition 2.20, ainsi que la majoration $|B_2(x)| \leq 1/6$ pour tout $x \in [0,1[$. On obtient ainsi :

$$|\mathrm{Ord}_c U| \leq \frac{p}{2}|\mathcal{O}| = \frac{p(p^2-1)}{2d}. \qquad (2.44)$$

Ainsi dans tous les cas en notant

$$a_d = \begin{cases} \left|\frac{\gamma_c^{\mathrm{Ord}_c U^\sigma}}{\gamma_{c,\sigma}^{\mathrm{Ord}_c U}}\right|^{-1} & \text{si } \mathrm{Ord}_c U \neq 0 \\ |\gamma_c|^{-1} & \text{sinon} \end{cases} \qquad (2.45)$$

on obtient en minorant d par 3, et en majorant les termes $p-1$ et p^2-1 par p et p^2 respectivement :

$$\log|W(P)| = -\log a_d + O_1\left(12p^5|q|^{1/p}\right). \qquad (2.46)$$

D'autre part, on sait que $U(P)/\eta_0 \in \mathcal{U}_K$, où $\mathcal{U}_K$ est le groupe des unités de K. Soit donc $\eta_1,\ldots,\eta_{d-1}$ un système d'unités de rang maximal. De sorte que $(U(P)/\eta_0)^m \in \langle \eta_1,\ldots,\eta_{d-1}\rangle$ où m est l'indice de $[\langle\eta_1,\ldots,\eta_{d-1}\rangle : \mathcal{U}_K]$.

Pour $1 \leq k \leq d-1$, on note

$$\alpha_k = \left|\frac{\eta_k^{\mathrm{Ord}_c U^\sigma}}{(\eta_k^\sigma)^{\mathrm{Ord}_c U}}\right|, \quad \alpha_d = a_d \left|\frac{\eta_0^{\mathrm{Ord}_c U^\sigma}}{(\eta_0^\sigma)^{\mathrm{Ord}_c U}}\right|. \qquad (2.47)$$

Si $\mathrm{Ord}_c U \neq 0$ et

$$\alpha_k = |\eta_k|, \quad \alpha_d = a_d|\eta_0|.$$

sinon. On remarque que dans tous les cas $\alpha_k \in \mathbb{Q}(\zeta_p)^+$.

Soit
$$\Lambda = b_1 \log \alpha_1 + \cdots + b_{d-1} \log \alpha_{d-1} + m \log \alpha_d. \quad (2.48)$$
En divisant $W(P)$ par η_0, On obtient ainsi une forme linéaire de logarithmes, qui vérifie
$$|\Lambda| \leq 12mp^5|q|^{1/p} \quad (2.49)$$

2.5.3 Théorie et Borne de Baker

La théorie de Baker permet de minorer une forme linéaire de logarithmes. Nous utiliserons la forme suivante de l'inégalité de Baker due à Matveev [Ma00, Corollary 2.3].

Théorème 2.26. *Soit K un corps de nombre de degré D sur $\mathbb{Q}$, plongé dans $\mathbb{C}$. Soit $\alpha_1, \ldots, \alpha_n$ des éléments non nuls de K, et $b_1, \ldots, b_n$ des entiers. On fixe les valeurs des logarithmes $\log \alpha_1, \ldots, \log \alpha_n$ et on pose*

$$\Lambda = b_1 \log \alpha_1 + \cdots + b_n \log \alpha_n.$$

Soit $A_1, \ldots, A_n$ des nombres réels vérifiant

$$A_k \geq \max\{D\mathrm{h}(\alpha_k), |\log \alpha_k|, 0.16\},$$

où $\mathrm{h}(\cdot)$ est la hauteur logarithmique absolue. Enfin, on pose

$$\phi = \begin{cases} 1 & \text{if } K \subseteq \mathbb{R} \\ 2 & \text{otherwise} \end{cases}, \quad \mho = A_1 \cdots A_n,$$

$$C(n) = \min\left\{\frac{1}{\phi}\left(\frac{1}{2}en\right)^\phi 30^{n+3}n^{3.5}, 2^{6n+20}\right\}.$$

Alors si $\Lambda \neq 0$ on a

$$\log|\Lambda| > -C(n)d^2\mho(1 + \log d)(1 + \log B). \quad (2.50)$$

où $B = \max_{1 \leq i \leq n} |b_i|$.

Le cas $\Lambda = 0$, nécessite une étude plus approfondie que nous réaliserons dans la partie 2.6.6.

On suppose que $\Lambda \neq 0$,

On applique ce théorème à notre situation, on obtient

$$\exp\left(-C_1(d)\left(\frac{p-1}{2}\right)^2 \Omega(1+\log\frac{p-1}{2})(1+\log B)\right) < |\Lambda| \qquad (2.51)$$

où

$$C_1(d) = \min\left\{\frac{e}{2}d^{4.5}30^{d+3}, 2^{6d+20}\right\},$$

$$A_k \geq \max\{\frac{p-1}{2}\mathrm{h}(\alpha_k), |\log \alpha_k|, 0.16\}, \quad 0 \leq k \leq d,$$

$$\Omega = A_0 \cdots A_d,$$

$$B = \{|b_1|, \ldots, |b_{d-1}|, m\}$$

Pour conclure à une borne sur B, nous devons majorer le terme de droite de (2.49), par une expression dépendant de B et non de q_c. On suppose $|q_c(P)| \leq 10^{-p}$, de sorte que nous avons (2.41). D'où en notant

$$\delta_{\max} = \max_{c,k} |\delta_{c,k}|, \quad \beta_{\max} = \max_{c,k} |\beta_{c,k}|, \qquad (2.52)$$

on obtient

$$B = \max\{|b_1|, \ldots, |b_{d-1}|, m\} \leq \delta_{\max} \log |q_c^{-1}| + \beta_{\max} + 1.2mp\kappa, \qquad (2.53)$$

d'où

$$|q_c| \leq e^{(-B+\beta_{\max}+1.2mp\kappa)/(\delta_{\max})} \qquad (2.54)$$

On remarque que l'on n'utilise pas l'hypothèse $\Lambda \neq 0$ dans la dernière égalité. Finalement on a

$$\exp(-C_1(d)d^2\Omega(1+\log d)(1+\log B)) < |\Lambda| \leq 12mp^5 e^{(-B+\beta_{\max}+1.2mp\kappa)/(p\delta_{\max})}$$
$$(2.55)$$

En comparant, le terme de droite et le terme de gauche, on a

$$B \leq K_1 \log B + K_2,$$

où

$$K_1 = \delta_{\max} p C_1(d)\left(\frac{p-1}{2}\right)^2 \Omega\left(1+\log\left(\frac{p-1}{2}\right)\right),$$
$$K_2 = K_1 + \beta_{\max} + 2p^3 m\kappa + \delta_{\max} p \log(12mp^5).$$
$$(2.56)$$

Enfin le lemme suivant permet de conclure

Lemme 2.27. *Soit z, K_1 deux nombres réels positifs et K_2 un nombre réel tels que*
$$z \leq K_1 \log z + K_2.$$
Alors
$$z \leq 2(K_1 \log K_1 + K_2).$$

Démonstration. On applique le lemme 2.2 de [PW87] avec $h=1$. □

On trouve la borne $\mathcal{B}_0$ pour B suivante

$$\boxed{B \leq \mathcal{B}_0 = 2\left(K_1 \log K_1 + K_2\right)}$$

Dans la suite nous désignerons $\mathcal{B}_0$ comme *la borne de Baker* .
On obtient ainsi une borne explicite pour B. Pour pouvoir calculer explicitement cette borne nous devons majorer m en fonction de p.

2.6 Borne pour j

Cette partie est indépendante des suivantes, elle reprend en partie le travail effectué avec M. Sha dans [BS12]. L'objectif est de donner une borne explicite, ne dépendant que de p, pour $j(P)$ où P est toujours un point entier de $X_{\mathrm{ns}}^+(p)$. La relation entre $j(P)$ et q_c^{-1} donnée dans la proposition 3.1 de [BP10] :

$$|j(P)| \leq 2|q_c|^{-1} \tag{2.57}$$

nous incite à majorer $|q_c|^{-1}$. Enfin au vu de (2.51) et (2.49) on a

$$|q_c|^{-1} < \left(12mp^5\right)^p \exp(pC_1(d)\left(\frac{p-1}{2}\right)^2 \Omega\left(1+\log\left(\frac{p-1}{2}\right)\right)(1+\log B_0)). \tag{2.58}$$

Il nous reste donc à majorer en fonction de p les constantes de la formule ci dessus.

Tout d'abord nous devons trouver un système d'unités de rang maximal. Pour cela on introduit les unités circulaires dans $\mathbb{Q}(\zeta_p)^+$.

$$\xi_{k-1} = \zeta_p^{(1-k)/2} \cdot \frac{1-\zeta_p^k}{1-\zeta_p} = \frac{\zeta_p^{-k/2} - \zeta_p^{k/2}}{\zeta_p^{-1/2} - \zeta_p^{1/2}}, \qquad k=2,\ldots,\frac{p-1}{2},$$

On sait, d'après le lemme 8.1 de [Wa82] que $\{\xi_1, \ldots \xi_{(p-3)/2}\}$ est un système d'unité de $\mathbb{Q}(\zeta_p)^+$ de rang maximal. Notons m' son indice dans le groupe des unités. Le lemme 8.1 et le théorème 8.2 de [Wa82] donnent $m' = h^+$, où h^+ désigne le nombre de classe de $\mathbb{Q}(\zeta_p)^+$.

Remarque 2.28. Pour $p \leq 67$, on sait que $h^+ = 1$. On en déduit que les unités ξ_k sont fondamentales.

Pour obtenir un système d'unité dans le corps K, on prend

$$\eta_k = \mathcal{N}_{\mathbb{Q}(\zeta_p)^+/K}(\xi_k) = \prod_{\sigma \in \text{Gal}(\mathbb{Q}(\zeta_p)^+/K)} \xi_k^\sigma, \quad k = 1, \ldots, \frac{p-3}{2}.$$

Notons m l'indice du groupe engendré par $\{\eta_1, \cdots, \eta_{\frac{p-3}{2}}\}$ dans le groupe des unités de K modulo les racines de l'unité. Puisque $[\mathbb{Q}(\zeta_p)^+ : K] = |H|/2 = \frac{p-1}{2d}$, on a

$$m \left| \frac{m'(p-1)}{2d} \right. . \tag{2.59}$$

Comme m est fini et le rang des unités de K est $d-1$, le rang du groupe $\langle \eta_1, \cdots, \eta_{\frac{p-3}{2}} \rangle$ modulo les racines de l'unité est $d-1$. Dans la suite on suppose, sans perdre de généralité, que les unités $\eta_1, \cdots, \eta_{d-1}$ sont multiplicativement indépendantes et forment un système de rang maximal.

2.6.1 Majoration de m

Soit h^+, R^+ et D^+ le nombre de classe, le régulateur et le discriminant de $\mathbb{Q}(\zeta_p)^+$, respectivement.

D'après ce qui précède, en particulier l'équation (2.59), pour majorer m il nous suffit de majorer h^+.

La proposition 2.1 et le lemme 4.19 de [Wa82], donnent $|D^+| = p^{\frac{p-3}{2}}$. La formule du nombre de classe, page 37 de [Wa82], donne

$$h^+ = \left(\frac{p}{4}\right)^{\frac{p-3}{4}} \cdot \frac{1}{R^+} \prod_{\chi \neq 1} L(1, \chi).$$

Le théorème 2 de [CF91] appliqué à $\mathbb{Q}(\zeta_p)^+/\mathbb{Q}$, donne

$$R^+ > 0.32.$$

En appliquant le théorème 1 de [Lo98] à l'extension $\mathbb{Q}(\zeta_p)^+/\mathbb{Q}$ on obtient

$$|L(1,\chi)| < \frac{1}{2}\log p + 0.03 < \log p, \quad \text{if } \chi \neq 1.$$

d'où
$$h^+ < p^{\frac{p-3}{4}}(\log p)^{\frac{p-3}{2}}.$$

Enfin (2.59), nous permet d'avoir

$$m \leq \frac{h^+(p-1)}{2d} < \frac{p^{\frac{p-3}{4}}(p-1)(\log p)^{\frac{p-3}{2}}}{2d} < p^{\frac{p+1}{4}}(\log p)^{\frac{p-3}{2}}. \qquad (2.60)$$

2.6.2 Calcul de A_k pour $k = 1, \ldots, d-1$

Nous allons maintenant trouver les nombres A_k, pour $k = 1, \ldots, d-1$, définis dans le théorème 2.26 :

$$A_k \geq \max\{\frac{p-1}{2}\mathrm{h}(\alpha_k), |\log \alpha_k|, 0.16\} \qquad (2.61)$$

On rappelle la définition de la *hauteur logarithmique absolue* d'un nombre algébrique $x \in L$ où L est un corps de nombre :

$$\mathrm{h}(x) = \frac{1}{[L:\mathbb{Q}]} \sum_{\sigma: L \hookrightarrow \mathbb{C}} \log^+ |j(P)^\sigma|, \qquad (2.62)$$

où $\log^+ = \max\{\log, 0\}$.

On a alors les formules usuelles, pour tout $n \in \mathbb{Z}$ et $a_1, \cdots, a_k, \alpha \in \bar{\mathbb{Q}}$, on a

$$\mathrm{h}(a_1 + \cdots + a_k) \leq \mathrm{h}(a_1) + \cdots + \mathrm{h}(a_k) + \log k,$$
$$\mathrm{h}(a_1 \cdots a_k) \leq \mathrm{h}(a_1) + \cdots + \mathrm{h}(a_k),$$
$$\mathrm{h}(\alpha^n) = |n|\mathrm{h}(\alpha),$$
$$\mathrm{h}(\zeta) = 0, \quad \text{pour toute racine de l'unité } \zeta \in \mathbb{C}^\times.$$

Soit $a \in \mathbb{F}_p^\times$ et $\sigma_a \in \mathrm{Gal}\,(\mathbb{Q}(\zeta_p)/\mathbb{Q})$ induit par l'automorphisme de $\mathbb{Q}(\zeta_p)$ qui à ζ_p associe ζ_p^a. Alors $\mathrm{Gal}(\mathbb{Q}(\zeta_p)^+/\mathbb{Q}) = \{\sigma_1, \cdots, \sigma_{(p-1)/2}\}$.
Pour $1 \leq a \leq \frac{p-1}{2}$, on a

$$\xi_{k-1}^{\sigma_a} = \frac{\bar{\zeta}_p^{ak/2} - \zeta_p^{ak/2}}{\bar{\zeta}_p^{a/2} - \zeta_p^{a/2}} \left(= \frac{\sin(\pi ak/p)}{\sin(\pi a/p)} \right).$$

On en déduit
$$h(\xi_{k-1}^{\sigma_a}) \leq 2\log 2.$$
D'où
$$h(\eta_{k-1}^{\sigma_a}) \leq \frac{(p-1)\log 2}{d}. \tag{2.63}$$
En remarquant que pour $-\frac{\pi}{2} < x < \frac{\pi}{2}$, on a $\frac{\sin x}{x} > \frac{2}{\pi}$. On déduit
$$|\xi_{k-1}^{\sigma_a}| \leq \frac{1}{|\sin(\pi a/p)|} \leq \frac{1}{\sin(\pi/p)} < \frac{p}{2},$$
et
$$|\xi_{k-1}^{\sigma_a}| \geq |\sin(\pi a k/p)| \geq \sin(\pi/p) > \frac{2}{p}.$$
Donc on a
$$|\log|\xi_{k-1}^{\sigma_a}|| < \log \frac{p}{2}.$$
Finalement, on obtient
$$|\log|\eta_{k-1}^{\sigma_a}|| < \frac{(p-1)\log \frac{p}{2}}{2d}. \tag{2.64}$$
Soit $1 \leq k \leq d-1$, pour calculer A_k, on distingue deux cas.
– Si $\mathrm{Ord}_c U = 0$, alors on a $\alpha_k = \pm \eta_k$ de sorte que l'on peut choisir
$$A_k = \frac{p^2}{d}.$$
– Si $\mathrm{Ord}_c U \neq 0$, alors on a
$$\alpha_k = \left| \frac{\eta_k^{\mathrm{Ord}_c U^\sigma}}{(\eta_k^\sigma)^{\mathrm{Ord}_c U}} \right|$$
Comme on a $|\mathrm{Ord}_c U| \leq \frac{p(p^2-1)}{2d}$ (voir (2.44)), on a
$$\frac{p-1}{2} h(\alpha_k) \leq \frac{p-1}{2} \frac{p(p^2-1)}{2d} (h(\eta_k) + h(\eta_k^\sigma)) \leq \frac{p^5}{d^2}.$$
De la même manière on obtient
$$|\log \alpha_k| \leq \frac{p(p^2-1)(p-1)\log(p/2)}{2d^2} \leq \frac{p^5}{d^2}.$$
Finalement on peut prendre
$$A_k = \frac{p^5}{d^2}.$$

2.6.3 Calcul sur η_0

Tout d'abord posons

$$\mu_0 = \mathcal{N}_{\mathbb{Q}(\zeta_p)/\mathbb{Q}(\zeta_p)^+}(1-\zeta_p) = (1-\zeta_p)(1-\bar{\zeta_p}).$$

Alors

$$\mu = \mathcal{N}_{\mathbb{Q}(\zeta_p)^+/K}(\mu_0).$$

En suivant la même méthode que dans la partie précédente, on obtient

$$\mathrm{h}(\mu^{\sigma_a}) \leq 2\log 2.$$

Donc

$$\mathrm{h}(\mu^{\sigma_a}) \leq \frac{(p-1)\log 2}{d} \quad \text{et} \quad \mathrm{h}(\eta_0^{\sigma_a}) \leq \mathfrak{s}\frac{(p-1)\log 2}{d}. \tag{2.65}$$

De $\mu_0^{\sigma_a} = 2 - 2\cos(2a\pi/p)$, on tire d'une part $|\mu_0^{\sigma_a}| \leq 4$ et d'autre part

$$|\mu_0^{\sigma_a}| \geq 2 - 2\cos\frac{\pi}{p} = 4\left(\sin\frac{\pi}{2p}\right)^2 > \left(\frac{2}{p}\right)^2.$$

et

$$|\log|\mu_0^{\sigma_a}|| < 2\log\frac{p}{2}.$$

Finalement, on obtient

$$|\log|\mu^{\sigma_a}|| < \frac{(p-1)\log\frac{p}{2}}{d} \quad \text{et} \quad |\log|\eta_0^{\sigma_a}|| < \mathfrak{s}\frac{(p-1)\log\frac{p}{2}}{d}. \tag{2.66}$$

2.6.4 Calcul de A_d

On rappelle que

$$\gamma_{c,\sigma} = \prod_{\substack{(a_1,a_2)\in\mathcal{O}\sigma\sigma_c \\ a_1=0}} (1-e^{2i\pi a_2})^{\mathfrak{s}s}.$$

et

$$|\{(a_1,a_2)\in\mathcal{O}\sigma\sigma_c : a_1=0\}| \leq \Theta_c \leq \frac{2(p-1)}{d}.$$

En suivant toujours le même raisonnement que pour η_k, on obtient

$$\mathrm{h}(\gamma_{c,\sigma}) \leq \frac{2\mathfrak{s}(p-1)\log 2}{d}.$$

Si $a_1 = 0$ on a $a_2 \in \{\frac{1}{p}, \cdots, \frac{p-1}{p}\}$. On a donc la majoration $|1 - e^{2i\pi a_2}| \le 2$ et la minoration

$$|1 - e^{2i\pi a_2}|^2 = 2(1 - \cos 2\pi a_2) \ge 2(1 - \cos \pi/p) = 4\sin^2 \frac{\pi}{2p} \ge \frac{4}{p^2}.$$

On en déduit

$$|\log|1 - e^{2i\pi a_2}|| \le \log \frac{p}{2},$$

et donc

$$|\log|\gamma_{c,\sigma}|| \le \frac{2s(p-1)\log \frac{p}{2}}{d}. \qquad (2.67)$$

En distinguant deux cas on trouve
- Si $\mathrm{Ord}_c U = 0$, alors on a $\alpha_d = \pm \gamma_c^{-1} \eta_0$ de sorte que l'on a

$$\mathrm{h}(\alpha_d) \le \frac{3s(p-1)\log 2}{d} \quad \text{et} \quad |\log|\alpha_d|| \le \frac{3s(p-1)\log \frac{p}{2}}{d}.$$

On pose

$$A_d = 3s\frac{p^2}{d}.$$

- Si $\mathrm{Ord}_c U \ne 0$, alors on a

$$\alpha_d = \left|\frac{\gamma_c^{\mathrm{Ord}_c U^\sigma}}{(\gamma_{c,\sigma})^{\mathfrak{s}\mathrm{Ord}_c U}}\right|^{-1} \left|\frac{\eta_0^{\mathrm{Ord}_c U^\sigma}}{(\eta_0^\sigma)^{\mathrm{Ord}_c U}}\right|,$$

d'où

$$\mathrm{h}(\alpha_d) \le \frac{3p\mathfrak{s}(p+1)(p-1)^2\log 2}{2d^2}$$

et

$$|\log|\alpha_d|| \le \frac{3\mathfrak{s}p(p+1)(p-1)^2\log \frac{p}{2}}{2d^2}.$$

Dans ce cas, on peut prendre

$$A_d = \frac{3\mathfrak{s}p^5}{d^2}.$$

2.6.5 Conclusion

Nous pouvons maintenant calculer la quantité $\Omega = A_1 \cdots A_d$. En comparant, pour chaque A_k les valeurs obtenues si $\mathrm{Ord}_c U = 0$ ou $\ne 0$, on majore A_k par la deuxième valeur, de sorte que l'on obtient

$$\Omega \le \frac{3\mathfrak{s}p^5}{d^2}\left(\frac{p^5}{d^2}\right)^{d-1} \le \frac{3\mathfrak{s}p^{5d}}{d^{2d}} \qquad (2.68)$$

2.6. Borne pour j

Pour pouvoir conclure il nous reste à estimer les quantités $\beta_{\max}, \delta_{\max}$ et κ. En regardant leurs expressions, on s'aperçoit qu'il nous suffit de majorer la valeur absolue de $\alpha_{k,\ell}$.

Soit C la comatrice de $L = \left(\log|\eta_\ell^{\sigma_k}|\right)_{1 \leq k,\ell \leq d-1}$ et $C_{k,\ell}$ ses cofacteurs. Alors la formule d'Hadamard nous permet de majorer les cofacteurs en fonction des coefficients de la matrice. Grâce à (2.64), nous pouvons majorer les coefficients de la matrice et donc obtenir

$$|C_{k,\ell}| \leq \left[\frac{(p-1)\sqrt{d-2}\log\frac{p}{2}}{2d}\right]^{d-2}.$$

Comme $|\alpha_{k,\ell}| = |\det L|^{-1}|C_{\ell,k}|$, il nous suffit donc de minorer $|\det L|$. Soit R_K le régulateur de K. Par [Wa82, Lemma 4.15], on a $|\det L| \geq mR_K$. En appliquant [CF91, Theorem 2] à l'extension $K/\mathbb{Q}$, on $R_K > 0.32$. et donc

$$|\det L| > 0.32m.$$

De sorte que

$$\alpha_{k,\ell}| \leq \left[\frac{(p-1)\sqrt{d-2}\log\frac{p}{2}}{2d}\right]^{d-2}\frac{3.125}{m}$$

$$\leq (p^{3/2}\log p)^{\frac{p-5}{2}}/m \leq p^{\frac{3p-15}{4}}\log p)^{\frac{p-5}{2}}/m.$$

On obtient donc

$$\kappa \leq p^{\frac{3p-11}{4}} \cdot (\log p)^{\frac{p-5}{2}}/m.$$

Comme on peut majorer $\beta_{\max}$ par $m\kappa \max \log|\gamma_{c,\ell}|$, en utilisant (2.67) et $s \leq 6$, on obtient

$$\beta_{\max} \leq 7 \cdot p^{\frac{3p-11}{4}} \cdot (\log p)^{\frac{p-3}{2}}.$$

De même, en utilsant la définition de $\delta_{c,\ell}$ et (2.44) on a

$$\delta_{\max} \leq p^{\frac{3p-11}{4}} \cdot (\log p)^{\frac{p-5}{2}}.$$

Comme $d \leq (p-1)/2$ et $p \geq 7$ on a

$$C_1(d) = \min\left\{\frac{e}{2}d^{4.5}30^{d+3}, 2^{6d+20}\right\} < 2d^{4.5}30^{d+3} < p^{p+8}.$$

Nous pouvons majorer les constantes K_1 et K_2 de (2.56), on utilise ici les majorations larges des inégalités ci-dessus, ceci n'a pas une grande influence

puisque nous prendrons ensuite le logarithme de celles-ci. On trouve après calculs :
$$K_1 \leq p^{\frac{13p}{4}+8}(\log p)^{p-2}, \qquad K_2 \leq 4p^{\frac{13p}{4}+8}(\log p)^{p-2},$$
$$\mathcal{B}_0 \leq 12p^{\frac{13p}{4}+13}(\log p)^{p-1}, \qquad 1 + \log \mathcal{B}_0 \leq 6p\log p^p$$

Enfin, grâce à (2.57) et (2.58) on obtient

$$\begin{aligned}\log j(P) &< 3pC_1(d)d^2\Omega(1+\log d)(1+\log B_0) \\ &< C(d)p^{5d+2}(\log(p))^{d+1}\end{aligned} \qquad (2.69)$$

où $C(d) = 108 \cdot 30^{d+3} \cdot d^{-d+6.5}(1+\log d)$

Avant de traiter le cas où $\Lambda = 0$, on peut s'intéresser au cas extrêmes où $d = 3$ et $d = (p-1)/2$. Dans le premier cas on obtient

$$\log|j(P)| < 7,73 \cdot 10^{12} p^{17}(\log(p))^4.$$

Dans le second cas, si $(p-1)/2$ est un nombre premier, on obtient

$$\log|j(P)| < 1,2 \cdot p^{p+6} \cdot 30^{\frac{p+3}{2}} \cdot (\log p)^{\frac{p+1}{2}}.$$

2.6.6 Le cas $\Lambda = 0$

Dans cette partie, on traite le cas où $\Lambda = 0$. Nous verrons que dans ce cas on obtient une borne plus petite que celle obtenue dans la partie précédente $\log|j(P)|$.

L'objectif de cette partie est de montrer le résultat suivant

Proposition 2.29. *Soit P un point entier, tel que $\Lambda = 0$ alors*

$$\log|j(p)| < 23p^2\log(p) + \log 2.$$

On trouve donc dans ce cas une borne meilleure que celle trouvée dans (2.69).

On distingue deux cas, si $\text{Ord}_c U = 0$ et si $\text{Ord}_c U \neq 0$. Les deux cas se traitent avec la même méthode. Dans toute cette partie on fixe ν une valeur absolue sur $\mathbb{Q}(\zeta_p)$ normalisée pour prolongéer la valeur absolue de $\mathbb{Q}$.

Le cas $\text{Ord}_c U = 0$ étant plus favorable, nous le traitons en premier. On a alors $|U(P)| = |\gamma_c|$. Puisque $U(P)$ et γ_c sont des nombres réels, on en déduit

$$U(P)^2 = \gamma_c^2.$$

2.6. Borne pour j

Lemme 2.30. *Il existe une fonction $f(\cdot)$ à valeurs dans $\mathbb{Z}$ et $\lambda_1^c, \lambda_2^c, \lambda_3^c \cdots \in \mathbb{Q}(\zeta_p)$ tels que $\forall \tau \in \Omega_c$, on a*

$$\log \frac{U^2(q_c)}{\gamma_c^2 q_c^{\frac{2\mathrm{Ord}_c U}{p}}} = 2\pi f(q_c) i + \sum_{k=1}^{\infty} \lambda_k^c q_c^{k/p}, \qquad (2.70)$$

et

$$|\lambda_k^c|_v \leq \begin{cases} |k|_v^{-1} & \text{si } v \text{ est finie,} \\ 4\mathfrak{s}p(k+p) & \text{si } v \text{ est infinie.} \end{cases}$$

En particulier, pour chaque $k \geq 1$ on a

$$\mathrm{h}(\lambda_k^c) \leq \log(4\mathfrak{s}p^2 + 4\mathfrak{s}kp) + \log k = \log(4\mathfrak{s}kp^2 + 4\mathfrak{s}k^2 p).$$

Démonstration. Par construction de U on a

$$\log \frac{U^2(q_c)}{\gamma_c^2 q_c^{\frac{2\mathrm{Ord}_c U}{p}}} = 2\pi f(q_c) i +$$

$$\sum_{a \in \mathcal{O}\sigma_c} \left(\sum_{\substack{n=0 \\ n+a_1 \neq 0}}^{\infty} 2\mathfrak{s} \log(1 - q_c^{n+a_1} e^{2\pi i a_2}) + \sum_{n=0}^{\infty} 2\mathfrak{s} \log(1 - q_c^{n+1-a_1} e^{-2\pi i a_2}) \right).$$

Le développement en série de Taylor des logarithmes permet d'obtenir la formule (2.70). Pour obtenir une estimation des termes $|\lambda_k^c|$, on majore chaque coefficient du développement de $\log(1 - q_c^{n+a_1} e^{2\pi i a_2})$. Soit $n \geq 0$, on écrit

$$\log(1 - q_c^{n+a_1} e^{2\pi i a_2}) = \sum_{k=1}^{\infty} \beta_k^1 q^{k/N}.$$

et

$$\log(1 - q_c^{n+1-a_1} e^{2\pi i a_2}) = \sum_{k=1}^{\infty} \beta_k^2 q^{k/N}.$$

On peut facilement majorer β_k par

$$|\beta_k^i|_v \leq \begin{cases} |k|_v^{-1} & \text{si } v \text{ est finie,} \\ 1 & \text{si } v \text{ est infinie.} \end{cases} \qquad i = 1, 2.$$

Pour conclure la preuve il suffit de remarquer que λ_k^c est la somme d'au plus $2(k/p + 1)$ termes de la forme β_j^i. $\square$

L'idée générale de ce qui suit est de remarquer que si $U^2(P) = \gamma_c$ et $\mathrm{Ord}_c(U) = 0$ alors le terme de gauche de (2.70) est nul. On en déduit l'annulation du terme de droite, puis en comparant le premier terme de la série avec le reste on obtiendra une bonne borne. Pour pouvoir conclure il nous faut estimer le rang à partir duquel les termes de la série de Taylor sont non nuls.

Lemme 2.31. *Sous l'hypothèse* $\mathrm{Ord}_c U = 0$, *il existe* $k \leq p^4$ *vérifiant* $\lambda_k^c \neq 0$.

Démonstration. Puisque $\mathrm{Ord}_c U = 0$ et U n'est pas constant, il existe $\lambda_k^c \neq 0$. Comme on suppose $\mathrm{Ord}_c U = 0$, on a $U(c) = \gamma_c$, et donc $f(q_c(c)) = 0$ où f est définie dans (2.70).

On étend la valuation Ord_c de $K(X_H)$ au corps des séries formelles $K((q_c^{1/p}))$. Alors $\mathrm{Ord}_c q_c^{1/p} = 1$ et pour obtenir le lemme il nous suffit de majorer

$$\mathrm{Ord}_c \left(-2\pi f(q_c)i + \log(U^2/\gamma_c^2)\right) \leq \mathrm{Ord}_c \log(U^2/\gamma_c^2) = \mathrm{Ord}_c(U^2/\gamma_c^2 - 1).$$

On majore le membre de droite par le degré $U^2/\gamma_c^2 - 1$, qui est égal au degré U^2.

Enfin, le degré de U^2 est égal à $\sum_{c_0} |\mathrm{Ord}_{c_0} U|$, où la somme est prise sur les $(p-1)/2$ pointes de X_H. On obtient donc

$$k \leq \sum_{c_0} |\mathrm{Ord}_{c_0} U| \leq \frac{p-1}{2} \frac{p(p^2-1)}{2d} \leq p^4.$$

$\square$

On peut alors conclure cette partie

Proposition 2.32. *On suppose* $\Lambda = 0$ *et* $\mathrm{Ord}_c U = 0$, *alors*

$$\log |j(P)| \leq p^2 \log(24p^9 + 24p^6) + p \log(48p(p^4 + p + 1)) + \log 2.$$

Démonstration. Soit n le plus petit k tel que $\lambda_k^c \neq 0$. D'après le lemme précédent on a $n \leq p^4$. On peut supposer sans perdre de généralité que $|q_c(P)| \leq 10^{-p}$. Comme $\mathrm{Ord}_c U = 0$ et $U^2(P) = \gamma_c^2$, (2.70) on tire

$$2\pi f(q_c(P))i + \sum_{k=n}^{\infty} \lambda_k^c q_c(P)^{k/p} = 0.$$

Si $f(q_c(P)) = 0$. Alors $|\lambda_n^c q_c(P)^{n/p}| = |\sum_{k=n+1}^{\infty} \lambda_k^c q_c(P)^{k/p}|$. On majore le

2.6. Borne pour j

terme de droite par

$$\left|\sum_{k=n+1}^{\infty} \lambda_k^c q_c(P)^{k/p}\right| \leq \sum_{k=n+1}^{\infty} |\lambda_k^c||q_c(P)|^{k/p} \leq \sum_{k=n+1}^{\infty} 4\mathfrak{s}p(k+p)|q_c(P)|^{k/p}$$
$$= 8\mathfrak{s}p(n+p+1)|q_c(P)|^{(n+1)/p}. \tag{2.71}$$

On minore le terme de gauche grâce à la formule :

$$|\lambda_n^c| \geq e^{-[\mathbb{Q}(\zeta_p):\mathbb{Q}]\mathrm{h}(\lambda_n^c)} \geq (4\mathfrak{s}np^2 + 4\mathfrak{s}n^2 p)^{-p+1}. \tag{2.72}$$

En combinant (2.71) et (2.72) on obtient la majoration suivante

$$\log|q_c(P)^{-1}| \leq p^2 \log(24p^9 + 24p^6) + p\log(48p(p^4 + p + 1)).$$

où on utilise la majoration $s \geq 6$. Le résultat suit de (2.57).

Si $f(q_c(P)) \neq 0$. Alors $2\pi \leq \left|\sum_{k=n}^{\infty} \lambda_k^c q_c(P)^{k/p}\right| \leq 48p(n+p)|q_c(P)|^{n/p}$. Et on a $\log|q_c(P)^{-1}| \leq p\log(48p(p^4 + p))$. D'où

$$\log|j(P)| \leq p\log(48p(p^4 + p)) + \log 2.$$

□

On suppose à présent $\mathrm{Ord}_c U \neq 0$. Par (2.36), on peut choisir U tel que $\mathrm{Ord}_c U < 0$. On prend alors σ tel que $\mathrm{Ord}_c U^\sigma > 0$. On pose $n_1 = -\mathrm{Ord}_c U$ et $n_2 = \mathrm{Ord}_c U^\sigma$. Puisque $U(P)$ et γ_c sont réels, on a $U(P)^{2n_2} U^\sigma(P)^{2n_1} = \gamma_c^{2n_2} \gamma_{c,\sigma}^{2n_1}$, c'est-à-dire

$$U^{2n_2}(U^\sigma)^{2n_1}(P) = \gamma_c^{2n_2} \gamma_{c,\sigma}^{2n_1}.$$

Le théorème 2.10 nous assure que $W = U^{2n_2}(U^\sigma)^{2n_1}$ n'est pas constante.

On applique la même méthode que précédemment la formule (2.70) reste valable avec des majorations légèrement modifiées.

Lemme 2.33. *Il existe une fonction $f(\cdot)$ à valeurs dans $\mathbb{Z}$ et $\lambda_1^c, \lambda_2^c, \lambda_3^c \cdots \in \mathbb{Q}(\zeta_p)$ tels que $\forall \tau \in \Omega_c$, on a*

$$\log \frac{W(q_c)}{\gamma_c^{2n_2} \gamma_{c,\sigma}^{2n_1} q_c^{\frac{\mathrm{Ord}_c W}{p}}} = 2\pi f(q_c)i + \sum_{k=1}^{\infty} \lambda_k^c q_c^{k/p}, \tag{2.73}$$

et

$$|\lambda_k^c|_v \leq \begin{cases} |k|_v^{-1} & \text{si } v \text{ est finie,} \\ 4\mathfrak{s}p^4(k+p) & \text{si } v \text{ est infinie.} \end{cases}$$

En particulier, pour chaque $k \geq 1$ on a

$$\mathrm{h}(\lambda_k^c) \leq \log(4\mathfrak{s}p^5 + 4\mathfrak{s}kp^4) + \log k = \log(4\mathfrak{s}kp^5 + 4\mathfrak{s}k^2p^4).$$

Démonstration. On refait la même preuve que pour le lemme 2.30, en remarquant que

$$\mathrm{Ord}_c W = 2(n_1 + n_2)\mathrm{Ord}_c U,$$

en majorant

$$(n_1 + n_2) \leq (\mathrm{Ord}_c U + \mathrm{Ord}_c U^\sigma) \leq 2p\frac{p^2 - 1}{2d} \leq p^3.$$

$\square$

Dans cette situation le lemme 2.31 devient

Lemme 2.34. *Il existe $k \leq p^7$ tel que $|\theta| \neq 0$*

Démonstration. Par le même raisonnement que pour le lemme 2.31, on montre que k existe car W n'est pas constante. On majore k par le degré de W, d'où

$$k \leq \frac{1}{2}\sum_{c_0} \mathrm{Ord}_c W \leq \frac{1}{2}\frac{p-1}{2}2(n_1+n_2)\frac{p(p^2-1)}{2d} \leq \frac{p-1}{2}\frac{p^2(p^2-1)^2}{2d} \leq p^7.$$

$\square$

Proposition 2.35. *On suppose $\Lambda = 0$ et $\mathrm{Ord}_c U = 0$, alors*

$$\log|j(P)| \leq p^2 \log(p^{23}) + \log 2.$$

Démonstration. Encore une fois on raisonne de la même manière que pour le cas $\mathrm{Ord}_c U = 0$. Soit n le plus petit k tel que $\lambda_k^c \neq 0$. D'après le lemme précédent on a $n \leq p^7$. On peut supposer sans perdre de généralité que $|q_c(P)| \leq 10^{-p}$. Dans ce cas on obtient la majoration

$$|\sum_{k=n+1}^{\infty} \lambda_k^c q_c(P)^{k/p}| \leq \sum_{k=n+1}^{\infty} |\lambda_k^c||q_c(P)|^{k/p} = 8\mathfrak{s}p^4(n+p+1)|q_c(P)|^{(n+1)/p}. \tag{2.74}$$

et la minoration

$$|\lambda_n^c| \geq e^{-[\mathbb{Q}(\zeta_p):\mathbb{Q}]\mathrm{h}(\lambda_n^c)} \geq (4\mathfrak{s}np^5 + 4\mathfrak{s}n^2p^4)^{-p+1}. \tag{2.75}$$

2.6. Borne pour j

En combinant (2.71) et (2.72) on trouve après calcul, et majoration large pour la seconde inégalité

$$\log |q_c(P)^{-1}| \leq p^2 \log(p^{14} + p^{20}) + p \log(p^{13} + p^7) \leq p^2 \log p^{23}.$$

où on utilise la majoration $\mathfrak{s} \geq 6$. Le résultat suit de (2.57).

Le cas $f(q_c(P)) \neq 0$ se traite de la même manière et conduit à une borne plus petite. □

Dans tous les cas on voit que la borne obtenue pour $j(P)$ est plus petite que la borne obtenue dans (2.69).

Remarque 2.36. Dans la partie suivante, on s'intéressera non pas à $j(P)$ mais à $\mathcal{B}_0$. Dans le cas général ($\Lambda \neq 0$) on obtiendra la borne par calcul explicite de toute les constantes qui donnera une borne plus petite que la borne théorique trouvée dans cette partie. Pour la partie $\Lambda = 0$ on peut déduire du travail effectué dans cette partie une borne sur $\mathcal{B}_0$. On trouve alors si $\Lambda = 0$, en utilisant 2.53

$$\mathcal{B}_0 \leq 23 \delta_{\max} p^2 \log p. + \beta_{\max} + 1.2 m p \kappa,$$

qui se trouve être toujours plus petit que la borne trouvée dans le cas général. On note encore $\mathcal{B}_0$ la plus grande des deux bornes ainsi trouvées.

CHAPITRE 3

RECHERCHE EXPLICITE DES POINTS ENTIERS SUR $X_{ns}^+(p)$

3.1 Réduction

À partir de maintenant et jusqu'à la fin de ce chapitre, nous adoptons une philosophie différente. Notre objectif est d'exposer une méthode effective et efficace pour trouver, non seulement la taille des points entiers mais surtout expliciter ceux-ci. Nous avons déjà bien avancé dans cette direction. En effet, en faisant appel aux unités modulaires puis aux unités du corps de nombres K, nous avons discrétisé le problème. Ceci nous permet d'espérer énumérer toutes les solutions. Si P est un point entier il lui correspond un d-uplet $(b_0, b_1, \ldots, b_{d-1})$. La borne de Baker trouvée dans la partie (2.5), nous donne un champ de possibilités pour ce d-uplet. Malheureusement, cette borne est très grande. Lorsque l'on fait les calculs précisément, on obtient une borne plus petite que la borne théorique obtenue dans la partie 2.6. Toutefois les bornes trouvées sont beaucoup trop grandes (de l'ordre de 10^{50}) pour pouvoir tester tous les cas possibles. Dans cette partie nous allons décrire comment réduire cette borne, pour se ramener à un nombre raisonnable de cas à tester. Les techniques de réduction de la borne de Baker sont des techniques faisant appel à des approximations rationnelles simultanées de nombres réels. Pour cela on utilisera deux outils : les fractions continues et l'algorithme LLL.

Historiquement, ces méthodes ont été introduites pour la résolution des équations de Thue ou semblables à des équations de Thue. Dans leur article [BD69], A. Baker et H. Davenport, ont utilisé les fractions continues pour résoudre un système d'équations diophantiennes. Il se ramène à une forme linéaire avec trois logarithmes. Puis l'algorithme des fractions continues leurs permet de trouver une bonne approximation rationnelle d'un des logarithmes pour en déduire une nouvelle borne. Cette méthode très efficace, présente l'inconvénient de fonctionner avec une petite forme linéaire. Si on augmente la taille de la forme linéaire, on doit alors approximer simultanément plusieurs logarithmes, ce qui nous empêche d'utiliser les fractions continues.

Au début des années 80, A. Lenstra, H. Lenstra et L. Lovász ont construit leur algorithme LLL, permettant de trouver une base réduite d'un réseau. En 1987, [TW89] N. Tzanakis B.M.M. de Weger utilisent cette algorithme pour trouver des approximations simultanées de nombres algébriques et étendent ainsi la méthode de [BD69]. Avec cette méthode, pour résoudre une équation de degré Thue d, on est amené à utiliser l'algorithme LLL en dimension d. Ceci peut devenir problématique, lorsque d devient grand.

À la fin des années 90, toujours en voulant résoudre des équations de Thue, G. Hanrot et Yu. Bilu ont montré dans [BH96], que l'on pouvait éviter le recours aux formes linéaires en logarithme quel que soit le degré pourvu que l'on ait un système d'unités fondamentales. Il se ramène alors à l'utilisation des fractions continues. Enfin dans [Ha00], G. Hanrot résout les équations de Thue sans l'utilisation de groupe d'unités fondamentales, en augmentant la dimension de la forme linéaire de logarithmes de un et en faisant appel à l'algorithme LLL en dimension 3.

On traitera tout d'abord le cas où l'on a trouvé un groupe d'unités fondamentales, en adaptant la méthode de [BH96] à notre situation. Puis on traitera le cas général en utilisant l'algorithme LLL en dimension 3.

3.1.1 Réduction avec un système d'unités fondamental

On suppose tout d'abord que nous disposons d'un système $\{\eta_1, \ldots, \eta_{d-1}\}$ d'unités fondamentales. Dans la pratique ce sera le cas si $(p-1)/2$ a un petit diviseur (≤ 11) ou si p est un nombre premier inférieur à 67 et K est

3.1. Réduction

le sous-corps réel maximal de $\mathbb{Q}(\zeta_p)$. En reprenant les notations des parties précédentes, on a alors

$$U(P) = \eta_0 \eta_1^{b_1} \cdot \eta_{d-1}^{b_{d-1}},$$

où P est un point entier de $X_{\text{ns}}^+(p)$ proche d'une pointe c. Pour alléger les notations on note dans cette partie

$$\delta_k = \delta_{c,k}, \quad \gamma_l = \gamma_{c,l}, \quad \beta_k = \beta_{c,k}.$$

Considérons l'équation (2.40), de manière heuristique, elle donne pour k_1 et k_2 :

$$\begin{aligned} b_{k_1} &\sim \delta_{k_1} \log|q_c| + \beta_{k_1} \\ b_{k_2} &\sim \delta_{k_2} \log|q_c| + \beta_{k_2} \end{aligned} \tag{3.1}$$

De sorte que b_{k_1} et b_{k_2} sont liés. En effet, on a

$$\begin{aligned} \log|q_c| &\sim \frac{b_{k_1} - \beta_{k_1}}{\delta_{k_1}} \\ \log|q_c| &\sim \frac{b_{k_2} - \beta_{k_2}}{\delta_{k_2}} \end{aligned} \tag{3.2}$$

On en déduit que la quantité

$$\frac{b_{k_2} - \beta_{k_2}}{\delta_{k_2}} - \frac{b_{k_1} - \beta_{k_1}}{\delta_{k_1}} = \delta_{k_2}\left(b_{k_2} - \frac{\delta_{k_2}}{\delta_{k_1}}b_{k_1} - \frac{\delta_{k_2}\beta_{k_1} - \delta_{k_1}\beta_{k_2}}{\delta_{k_1}}\right),$$

est proche de zéro. En notant k_1 et k_2 deux entiers tels que $1 \leq k_1, k_2 \leq d-1$ et $|\delta_{k_2}| \leq |\delta_{k_1}|$ et

$$\delta = \frac{\delta_{k_2}}{\delta_{k_1}}, \quad \lambda = \frac{\delta_{k_2}\beta_{k_1} - \delta_{k_1}\beta_{k_2}}{\delta_{k_1}}.$$

On obtient explicitement

$$\begin{aligned} b_{k_2} &- \delta b_{k_1} + \lambda \\ &= \delta_{k_2} \log|q_c| + \beta_{k_2} - \delta\delta_{k_1}\log|q_c| - \delta\beta_{k_1} + \lambda + O_1\left(6s\frac{p-1}{d}(1+\delta)\kappa|q_c|^{1/p}\right) \\ &= \beta_{k_2} - \delta\beta_{k_1} + \lambda + O_1\left(6s\frac{p-1}{d}(1+\delta)\kappa|q_c|^{1/p}\right) \\ &= O_1\left(6s\frac{p-1}{d}(1+\delta)\kappa|q_c|^{1/p}\right) \end{aligned} \tag{3.3}$$

On majore ensuite $|q_c|^{1/p}$ en utilisant (2.53), pour obtenir

$$|b_{k_2} - \delta b_{k_1} + \lambda| \leq K_3 \exp(-B/p\delta_{\max}) \tag{3.4}$$

où
$$K_3 = 6 \mathsf{s} \frac{p-1}{d}(1+\delta)\kappa e^{\frac{\beta_{\max}+1, 2p(p-1)\kappa}{\delta_{\max}}}.$$
et $\delta_{\max}$ est défini dans (2.52).

Ce qui suit est indépendant de notre situation, nous allons utiliser un lemme d'approximation diophantienne général. Si l'on suppose que δ et λ rationnellement indépendants, c'est-à-dire qu'il n'existe pas d'entier a, b, c, avec $c \neq 0$ et $\mathrm{pgcd}(a, b, c) = 1$ tels que

$$a + b\delta + c\lambda = 0,$$

alors une approximation rationnelle suffisamment bonne pour δ, ne sera pas une bonne approximation pour λ. Ainsi en minorant le terme de gauche de (3.4) par sa distance à $\mathbb{Z}$ on obtiendra une majoration de B en fonction du logarithme de $\mathcal{B}_0$.

Dans la suite on note pour $x \in \mathbb{R}$

$$\|x\| = \min_{a \in \mathbb{Z}} |a - x|.$$

Lemme 3.1. *Soient b_1 et b_2 deux nombres entiers, T un nombre réel supérieur à 2 et δ et λ deux nombres réels vérifiant*

$$|b_2 - \delta b_1 + \lambda| \leq C e^{-B/C'} \tag{3.5}$$

où C, C' sont deux constantes réelles et $B \leq \mathcal{B}_0$. Soit q un entier (on fera attention à ne pas confondre q avec le paramètre local q_c) vérifiant

$$1 \leq q \leq T\mathcal{B}_0, \quad \|\delta q\| < (T\mathcal{B}_0)^{-1}, \quad \|\lambda q\| \geq 2T^{-1}.$$

On a alors

$$B \leq C' \left(\log \mathcal{B}_0 + \log(CT^2) \right).$$

Démonstration. En multipliant (3.5) par q, on obtient

$$q \cdot |b_2 - \delta b_1 + \lambda| \leq CT\mathcal{B}_0 \exp(-B/C'). \tag{3.6}$$

En minorant le terme de gauche par sa distance à zéro, on obtient

$$q \cdot |b_2 - \delta b_1 + \lambda| \geq \| \pm b_1 \|q\delta\| + q\lambda\| \geq \|q\lambda\| - b_1\|q\delta\| \geq \|q\lambda\| - T^{-1} \geq T^{-1},$$

En comparant avec le terme de droite de (3.5) on obtient le résultat. □

3.1. Réduction

Ce lemme s'applique facilement à notre méthode. De cette manière on réduit fortement la borne $\mathcal{B}_0$. Dans la pratique, on choisit par exemple $T = 10$. En calculant des réduites successives de δ par l'algorithme des fractions continues on trouve q tel que

$$1 \leq q \leq T\mathcal{B}_0, \quad \|\delta q\| < (T\mathcal{B}_0)^{-1}.$$

On vérifie si $\|\lambda q\| \geq 2T^{-1}$. Si ce n'est pas le cas on recommence avec $T = 10T$, jusqu'à obtenir l'inégalité.

Comme le lemme est général, on peut appliquer à nouveau cette méthode avec la nouvelle borne obtenue. De cette manière on réduit encore la borne. En pratique, on effectue 3 ou 4 étapes de réduction pour obtenir une borne optimale. Par exemple, pour $p = 7$, on trouve $\mathcal{B}_0 \approx 10^{20}$, après une étape de réduction on trouve 1191, après deux étapes on trouve 380, puis 308. Si on effectue une autre réduction on retombe sur 308.

Cette méthode est très efficace et nous permet d'énumérer tous les cas possibles.

Avant de passer au cas où le système d'unités est seulement de rang maximal, nous devons traiter le cas où les nombres δ et λ vérifient une équation du type

$$a + b\delta + c\lambda = 0.$$

En pratique, on s'aperçoit qu'on est dans ce cas, lorsqu'en multipliant T par 10 beaucoup de fois on obtient toujours pas de mauvaise approximation pour λ. On suspecte alors une relation de dépendance rationnelle, que l'on établit par recherche exhaustive. Dans tous les cas traités les nombres a, b, c étaient de valeurs absolues inférieures à 10^3. Dans ce cas, en utilisant la relation de dépendance rationnelle et (3.4) on obtient

$$|b_{k_2} - a - \delta(b_1 + b)| \leq |q_3| \, K_3 \exp(-B/p\delta_{\max}) \tag{3.7}$$

on minore encore une fois le terme de gauche par sa distance à $\mathbb{Z}$:

$$|b_{k_2} - a - \delta(b_1 + b)| \geq \|\delta(b_1 + b)\| \geq \min_{x \in \mathbb{Z}, |x| \leq \mathcal{B}_0 + b} \|x\delta\|.$$

On détermine alors le terme de droite, grâce aux fractions continues. Puis par comparaison, on obtient une nouvelle borne pour $\mathcal{B}_0$, du même type que précédemment.

3.1.2 Réduction avec un système d'unités de rang maximal

Ce paragraphe n'est pas utilisé dans l'implémentation dans les calculs que l'on a fait. En effet, dans tout les cas traités la recherche d'un groupe d'unités fondamentales aboutie sans trop de difficultés, alors que l'utilisation d'un groupe d'unités de rang maximal, conduit à une borne plus grande et une énumération très longue.

Trouver un système d'unités fondamentales dans le cas général est un problème algorithmique difficile. Sans rentrer dans les détails, on cherche d'abord le groupe des classes, en cherchant des relations entre des idéaux de K de norme "petite" (inférieur à $12\log^2 |D|$). En considérant ensuite le plongement logarithmique des relations obtenues sous formes de matrice et en effectuant des opérations élémentaires sur la matrice on obtient des relations triviales qui conduisent à des unités. On cherche ensuite assez de relations pour obtenir un système de rang maximal, donné par le théorème de Dirichlet.

Sous l'hypothèse de Riemann généralisée, on peut s'assurer que les unités ainsi obtenues sont fondamentales. Sans l'hypothèse de Riemann généralisée, nous devons soit garantir que les unités sont fondamentales en faisant appel à des méthodes de certifications qui sont très lentes dès que le degré et/ou le régulateur augmente. Soit nous nous passons d'un système d'unités fondamentales et considérons uniquement un système de rang maximal. Dans notre cas, nous travaillons dans des sous-corps d'un corps cyclotomique $\mathbb{Q}(\zeta_p)$. Or dans ce cas on connait un système d'unités de rang maximal, donné par la norme des unités circulaires du sous-corps réel maximal, c'est ce que nous avons fait dans la partie 2.6.

L'utilisation d'un système de rang maximal a un coût : elle ajoute une variable m. On a vu dans la partie 2.5 que si P est un point entier de $X_{\mathrm{ns}}^+(p)$ proche d'une pointe c. Alors on a

$$U(P)^m = \eta_0^m \eta_1^{b_1} \cdot \eta_{d-1}^{b_{d-1}}.$$

On a une majoration pour m donnée par l'indice du groupe engendré par le système d'unités de rang maximal dans le groupe des unités de K. Lorsque nous avons voulu trouver une borne théorique pour j, nous avons été amené à majorer m de manière théorique. Dans le cas d'un calcul explicite on peut faire beaucoup mieux, simplement en calculant le régulateur du système d'unité. Rappelons d'abord la définition du régulateur d'un système d'unités dans un corps totalement réel,

Définition 3.2. Soit K un corps totalement réel de degré d, et $\{\eta_1, \ldots, \eta_{d-1}\}$ un système d'unités de rang maximal. Soit L la matrice

$$L = \left(\log |\eta_i^{\sigma_j}|\right)_{1 \leq i,j \leq d-1},$$

où σ_i sont les $d-1$ plongements réels de K. Alors cette matrice est inversible et son detérminant noté $R_{\{\eta_1,\ldots,\eta_{d-1}\}}$ dans la suite est le régulateur du système d'unités. Si l'on a un système d'unité fondamentale, alors le régulateur ne dépend pas du système choisi et est noté R_K.

Comme dans la partie 2.6, on peut appliquer le théorème 2 de [CF91] à l'extension $K/\mathbb{Q}$, pour obtenir une minoration de R_K

$$R_K \geq 0.32.$$

Cette minoration n'est pas optimale, mais suffit dans notre situation. On peut se référer à l'article de [CF91], pour plus de commentaires sur ces bornes générales.

L'indice du groupe engendré par le système d'unités de rang maximal dans le groupe des unités de K est donné par

$$\frac{R_{\{\eta_1,\ldots,\eta_{d-1}\}}}{R_K} \leq \frac{R_{\{\eta_1,\ldots,\eta_{d-1}\}}}{0.32}.$$

La majoration pour m suit alors facilement, notons $\mathfrak{m}$ la borne ainsi trouvée pour m.

Il existe des méthodes plus fines de minorations du régulateur, nous ne les discutons pas ici, mais on peut se référer à l'article de G. Hanrot [Ha00] par exemple.

Pour réduire la borne $\mathcal{B}_0$, on adopte ici une méthode de G. Hanrot introduite dans [Ha00].

Dans les formules définissant les quantités $\delta_{c,k}$ et $\beta_{c,k}$ de l'équation (2.39), apparait la quantité m. Afin de séparer les quantités effectivement calculable et les quantités inconnues nous modifions légèrement les notations. Dans cette partie, on fixe une pointe c, et on note

$$\delta_k = \frac{1}{m}\delta_{c,k}, \quad \gamma_{c,l} = \gamma_l, \quad \beta_k = \frac{1}{m}\beta_{c,k}.$$

De sorte que l'on a pour $1 \leq k \leq d-1$

$$b_k = m\delta_k \log|q_c| + m\beta_k + O_1\left(6\mathfrak{m}s\frac{p-1}{d}\kappa|q_c|^{1/p}\right).$$

En raisonnant comme dans le cas où l'on a un système d'unités fondamentales, en notant k_1 et k_2 deux entiers tels que $1 \leq k_1, k_2 \leq d-1$ et $|\delta_{k_2}| \leq |\delta_{k_1}|$ et

$$\delta = \frac{\delta_{k_2}}{\delta_{k_1}}, \quad \lambda = \frac{\delta_{k_2}\beta_{k_1} - \delta_{k_1}\beta_{k_2}}{\delta_{k_1}},$$

de sorte que $|\delta| \leq 1$. On obtient explicitement

$$|b_{k_2} - \delta b_{k_1} + m\lambda| \leq 6\mathfrak{m}s\frac{p-1}{d}|q_c|^{1/p} \leq K_3 \exp(-B/p\delta_{\max}) \qquad (3.8)$$

où

$$K_3 = 6\mathfrak{m}s\frac{p-1}{d}(1+\delta)\kappa e^{\frac{\beta_{\max} + 1, 2\mathfrak{m}p(p-1)\kappa}{\delta_{\max}}}$$

et

$$\beta_{\max} = \max_{1 \leq k \leq d-1} \beta_i, \quad \delta_{\max} = \max_{1 \leq k \leq d-1} \delta_k.$$

La méthode de la partie précédente ne s'applique plus, en raison de l'apparition du coefficient m. Pour minorer le terme de gauche, nous allons considérer le réseau engendré par

$$A = \begin{pmatrix} \lfloor \mathcal{B}_0/\mathfrak{m} \rfloor & 0 & 0 \\ 0 & 1 & 0 \\ [C \cdot \delta] & [C \cdot \lambda] & C \end{pmatrix}.$$

On discutera du choix de C, à la fin de cette partie. Dans son article, G Hanrot considère un réseau de dimension 4, en combinant deux relations du type (3.8). Ici comme nous supposons seulement $d \geq 3$, on peut n'avoir que deux b_i et donc une seule relation. Bien sûr en dimension supérieure, on peut adapter la méthode de [Ha00]. L'utilisation de plusieurs relations permet de raffiner la majoration que l'on obtiendra. En revanche, on fera attention à ne pas trop augmenter la dimension (5 semble être une bonne limite), auquel cas on ralentirai l'algorithme.

En appliquant l'algorithme LLL, au réseau engendré par les colonnes de la matrice A. On obtient une base réduite, on note ℓ la longueur de son plus petit vecteur. On a alors pour tout x dans le réseau

$$|x| \geq 2^{-1}\ell.$$

Soient $(m, b_{k_1}, b_{k_2}) \in \mathbb{Z}$ on a alors,

$$(\lfloor \mathcal{B}_0/\mathfrak{m} \rfloor m)^2 + b_{k_1}^2 + ([C \cdot \delta]m + [C \cdot \lambda]b_{k_1} + Cb_{k_2})^2 \geq \frac{\ell^2}{4},$$

or

$$|[C \cdot \delta]m + [C \cdot \lambda]b_{k_1} + Cb_{k_2} - C(b_{k_2} - \delta b_{k_1} + m\lambda)| \leq \frac{m + b_{k_1}}{2}.$$

Ce qui conduit en supposant $\ell \geq \sqrt{\mathcal{B}_0/4}$ à

$$|b_{k_2} - \delta b_{k_1} + m\lambda| \geq \frac{1}{C}\left(\sqrt{\frac{\ell^2}{4} - 2\mathcal{B}_0^2} - \frac{\mathcal{B}_0 + \mathfrak{m}}{2}\right).$$

En comparant avec (3.8), on obtient

$$\mathcal{B}_0 \leq \frac{1}{p\delta_{\max}}\left(\log\left(\sqrt{\frac{\ell^2}{4} - 2\mathcal{B}_0^2} - \frac{\mathcal{B}_0 + \mathfrak{m}}{2}\right) - \log K_3 C\right),$$

si $\ell > \sqrt{9\mathcal{B}_0^2 + 2\mathcal{B}_0\mathfrak{m} + \mathfrak{m}^2}$

On obtient ainsi une nouvelle borne. Comme dans la méthode précédente, on peut appliquer à nouveau la méthode pour réduire la nouvelle borne. En pratique 3 ou 4 étapes suffisent.

Il nous reste à discuter du choix de C, il nous faut le choisir le plus petit possible tel que l'inégalité devant être vérifiée soit validée. De manière heuristique, les vecteurs de la base réduite sont "presque orthogonaux" et "presque de la même longueur", de sorte que le discriminant de cette base est proche de ℓ^3. D'un autre coté, le discriminant de la matrice A est $C\lfloor \mathcal{B}_0/\mathfrak{m} \rfloor$ de sorte que

$$C \approx \ell^3 \mathfrak{m}/\mathcal{B}_0.$$

Or l'inégalité devant être vérifié par ℓ, nous indique que

$$\ell > \sqrt{9\mathcal{B}_0^2 + 2\mathcal{B}_0\mathfrak{m} + \mathfrak{m}^2} \approx \mathcal{B}_0.$$

Finalement, on peut prendre $C = T\mathcal{B}_0^{2m}$ avec $T = 10$. On teste alors si on a la condition, sinon on augmente T.

Dans la suite on notera $\mathcal{B}_1$ la borne réduite trouvée.

3.2 Enumération

Dans les parties précédentes, nous avons trouvé une borne $\mathcal{B}_1$ qui nous autorise une énumération de tous les cas possibles. Toutefois la borne obtenue n'est pas aussi bonne que l'on aurait pu l'espérer. Il nous faut donc faire très attention pendant cette étape, qui sera la plus coûteuse algorithmiquement. Nous allons commencé par une approche générale qui s'applique à tous les cas. Nous verrons ensuite comment l'on traite les cas où $|q_c|$ est supérieur à 10^{-p}, cas que l'on avait laissé de côté dans nos recherches.

3.2.1 Énumération des solutions

Soit b tel que $|b| \leq \mathcal{B}_1$. L'idée générale est la suivante, on a vu dans la partie 2.5, que l'on peut exprimer b_k en fonction de $\log |U^\sigma(P)|$. À l'aide de l'étude asymptotique des unités modulaires faites dans la partie (2.4), on peut ainsi exprimer b en fonction de q. On ramène ainsi notre problème à un problème de résolution numérique d'équation. En pratique l'estimation faite pour les unités modulaires fait intervenir beaucoup de terme du type $\log |1 - q^{k+a_1} e^{2i\pi a_2}|$, qui a pour effet de considérablement ralentir l'algorithme. L'idée est alors d'utiliser le développement en série de Taylor de ces logarithmes. Mais alors, un autre problème apparaît lorsque q^{k+a_1} est trop grand, le développement en série de Taylor génère un reste trop grand à rang constant. Nous optons donc pour une solution intermédiaire. C'est l'objet du lemme central de cette section.

Lemme 3.3. *Soit P un point entier de la courbe $X_{ns}^+(p)$ proche d'une pointe*

3.2. Enumération

c. Soit $k = 1, \ldots, d-1$, pour n un entier, on a

$$b_k = \delta_{c,k} \log |q_c| + \beta_{c,k}$$
$$+ \mathfrak{s} \sum_{\ell=0}^{d-1} \alpha_{k\ell} \sum_{\substack{(a_1,a_2)\in\mathcal{O}_{\sigma_\ell \sigma_c} \\ a_1 \neq 0}} \begin{cases} \log|1 - q_c^{a_1} e^{2i\pi a_2}| & \text{if } a_1 < 1/2 \\ \log|1 - q_c^{1-a_1} e^{-2i\pi a_2}| & \text{if } a_1 > 1/2 \end{cases}$$
$$+ P_n\left(q_c^{1/p}\right) + O_1\left(2\mathfrak{s}\frac{p^2-1}{d}\kappa|q_c|^n\left(\frac{n}{(1-\sqrt{q_c})^{2n}} + \frac{2}{n(1-|q_c|^n)(1-|q_c|)}\right)\right)$$
(3.9)

où P_n est un polynôme en $q_c^{1/p}$ de degré np.

La preuve de ce résultat est très technique, l'idée a été expliqué plus haut, on développe en série de Taylor en faisant attention à contrôler explicitement le reste. Nous allons voir la preuve en détail ci-dessous.

Démonstration. On commence, par étudier le cas des fonctions de Siegel. Soit $g_{\mathbf{a}}$ pour $\mathbf{a}$, on en déduira u_a et U facilement. Tout d'abord, on a la formule

$$\log|g_{\mathbf{a}}(q_c)| = \frac{B_2(a_1)}{2}\log|q_c| + \sum_{k=0}^{\infty}\left(\log\left|1 - q_c^{k+a_1}e^{2\pi i a_2}\right| + \log\left|1 - q_c^{k+1-a_1}e^{-2\pi i a_2}\right|\right).$$
(3.10)

Pour estimer la somme on distingue deux cas, si $k + a_1$ ou $k + 1 - a_1$ est inférieur à $1/2$, on laisse le logarithme sans y toucher. Sinon on développe le logarithme à l'aide du lemme

Lemme 3.4. *Soit m un entier positif et z un nombre complexe, $|z| < 1$. Alors*

$$\log(1-z) = -\sum_{k=1}^{m}\frac{z^k}{k} + O_1\left(\frac{|z|^{m+1}}{(m+1)(1-|z|)^{m+1}}\right).$$
(3.11)

Démonstration. Dans le cas où $z = |z|$ est un nombre réel positif, (3.11) est une conséquence immédiate de la formule de Taylor-Lagrange. Dans le cas général on se ramène au cas où z est positif, grâce à

$$\left|\log(1-z) + \sum_{k=1}^{m}\frac{z^k}{k}\right| \leq \sum_{k=m+1}^{\infty}\frac{|z|^k}{k} = \left|\log(1-|z|) + \sum_{k=1}^{m}\frac{|z|^k}{k}\right|.$$

□

Si $k + a_1 \leq n$, on applique ce lemme à $\log\left|1 - q_c^{k+a_1}e^{2\pi i a_2}\right|$ (respectivement à $\log\left|1 - q_c^{k+1-a_1}e^{-2\pi i a_2}\right|$), quand $k + a_1$ (respectivement $k + 1 - a_1$) est plus grand que $1/2$, avec $m = m_{k_1} = \lfloor \frac{n}{k+a_1} \rfloor$ (respectivement $m = m_{k_2} = \lfloor \frac{n}{k+1-a_1} \rfloor$), on a

$$\log\left|1 - q_c^{k+a_1}e^{-2\pi i a_2}\right| = \sum_{j=1}^{m_{k_1}} \frac{\cos 2\pi j a_2}{j}|q_c|^{(k+a_1)j}$$
$$+ O_1\left(\frac{|q_c|^{(m_{k_1}+1)(k+a_1)}}{(m_{k_1}+1)(1-|q_c|^{k+a_1})^{m_{k_1}+1}}\right)$$
$$\log\left|1 - q_c^{k+1-a_1}e^{-2\pi i a_2}\right| = \sum_{j=1}^{m_{k_2}} \frac{\cos 2\pi j a_2}{j}|q_c|^{(k+1-a_1)j}$$
$$+ O_1\left(\frac{|q_c|^{(m_{k_2}+1)(k+1-a_1)}}{(m_{k_2}+1)(1-|q_c|^{k+1-a_1})^{m_{k_2}+1}}\right), \quad (3.12)$$

Sinon, on a la majoration

$$\left|\sum_{k+a_1 \geq n} \log\left|1 - q_c^{k+a_1}e^{-2\pi i a_2}\right| + \log\left|1 - q_c^{k+1-a_1}e^{-2\pi i a_2}\right|\right| \leq \frac{4|q_c|^n}{n(1-|q_c|^n)(1-|q_c|)}. \quad (3.13)$$

En utilisant les inégalités,

$$\frac{n}{k+a_1} \leq m_{k_1} + 1 \leq \frac{n}{k+a_1} + 1,$$

et

$$\frac{n}{k+1-a_1} \leq m_{k_2} + 1 \leq \frac{n}{k+1-a_1} + 1,$$

on peut majorer le terme O_1 de (3.12),

$$\log\left|1 - q_c^{k+a_1}e^{-2\pi i a_2}\right| + \log\left|1 - q_c^{k+1-a_1}e^{-2\pi i a_2}\right|$$
$$= \sum_{j=1}^{m_{k_1}} \frac{\cos 2\pi j a_2}{j}|q_c|^{(k+a_1)j} + \sum_{j=1}^{m_{k_2}} \frac{\cos 2\pi j a_2}{j}|q_c|^{(k+1-a_1)j} + O_1\left(\frac{2|q_c|^n}{(1-\sqrt{|q_c|})^{2n}}\right) \quad (3.14)$$

Finalement en notant

$$P_{\mathbf{a},n}(q_c^{1/p}) = \sum_{1/2 \leq k+a_1 \leq n} \left(\sum_{j=1}^{m_{k_1}} \frac{\cos 2\pi j a_2}{j}|q_c|^{(k+a_1)j} + \sum_{j=1}^{m_{k_2}} \frac{\cos 2\pi j a_2}{j}|q_c|^{(k+1-a_1)j}\right),$$

on obtient

$$\log|g_{\mathbf{a}}(q_c)| = \frac{B_2(a_1)}{2}\log|q_c| + \begin{cases} \log\left|1 - q_c^{a_1}e^{2i\pi a_2}\right| & if \quad a_1 < 1/2 \\ \log\left|1 - q_c^{1-a_1}e^{-2i\pi a_2}\right| & if \quad a_1 > 1/2 \end{cases}$$
$$+ P_{\mathbf{a},n}(q_c^{1/p}) + O_1\left(\frac{2n|q_c|^n}{(1-\sqrt{|q_c|})^{2n}} + \frac{4|q_c|^n}{n(1-|q_c|^n)(1-|q_c|)}\right) \quad (3.15)$$

3.2. Enumération

Enfin en posant
$$P_n = \sum_{\ell=0}^{d-1} \mathfrak{s}\alpha_{k\ell} \sum_{\mathbf{a} \in \mathcal{O}_{\sigma_l\sigma_c}} P_{\mathbf{a},n},$$

et la proposition vient de

$$b_k = \sum_{\ell=0}^{d-1} \alpha_{k\ell} \log |U^{\sigma_\ell}(P)| \qquad k = 0, 1, \ldots, d-1.$$

□

Notons alors, en posant $x = q_c^{-1/p}$,

$$f_{k,n}(x) = -\delta_{c,k} p \log |x| + \beta_{c,k}$$
$$+ s \sum_{\ell=0}^{d-1} \alpha_{k\ell} \sum_{\substack{(a_1, a_2) \in \mathcal{O}_{\sigma_\ell \sigma_c} \\ a_1 \neq 0}} \begin{cases} \log |1 - x^{-pa_1} e^{2i\pi a_2}| & if \ a_1 < 1/2 \\ \log |1 - x^{-p(1-a_1)} e^{-2i\pi a_2}| & if \ a_1 > 1/2 \end{cases}$$
$$+ P_n\left(x^{-1}\right)$$

(3.16)

et

$$\varepsilon_n(x) = 2\mathfrak{s}(p+1) d\kappa |x|^{-np} \left(\frac{n}{(1-|x|^{pn/2})^{2n}} + \frac{2}{n(1-|x|^{-np})(1-|x|^{-p})} \right).$$

Commençons par traiter les solutions vérifiant $|q_c| > 10^{-p}$, on a donc $x \leq 10$. Dans ce cas, nous obtenons une borne pour les b_i en utilisant (2.53). Supposons que x soit supérieur à $e^{\pi\sqrt{3}/p}$, le cas négatif ou nul est similaire et le cas $0 < x < e^{\pi\sqrt{3}/p}$, conduit à $j(p) \in \{1, \ldots, 1727\}$ et sera discuté plus loin. On commence par chercher n vérifiant

$$\varepsilon_n(e^{\pi\sqrt{3}/p}) \leq \eta,$$

où η est l'erreur que nous discuterons plus tard.

La forme de la fonction $f_{k,n}$ nous autorise à étudier ces variations sur l'intervalle $\left[e^{\pi\sqrt{3}/p}, 10\right]$. Pour cela, on calcule la dérivée de $f_{k,n}$ qui est rationnelle, on localise alors ses racines, grâce à l'algorithme de Sturm [St1835], dans la plupart des cas on trouve que la fonction est monotone. Il arrive de rare cas où la dérivée s'annule, dans ces cas, on calcule la racine de la dérivée dans l'intervalle concerné en utilisant une méthode de résolution numérique de l'équation $f'_{k,n} = 0$. Dans notre cas nous avons utilisé la méthode de Brent [Br73], implémenté dans [Pari], cette méthode combine plusieurs méthodes bien connues

(Dichotomie, méthode de la sécante et interpolation quadratique inverse) de manière optimisée.

Supposons que la fonction soit monotone sur l'intervalle $\left[e^{\pi\sqrt{3}/p}, 10\right]$ (si ce n'est pas le cas on raisonne de la même manière sur chaque intervalle de monotonie), en calculant le minimum et le maximum de la fonction, on obtient ainsi un encadrement pour b. L'encadrement est généralement, bien meilleur que celui trouvé pour $|q_c| < 10^{-p}$.

Enfin pour chaque b compris dans l'intervalle trouvé, on résout grâce à la méthode de Brent les équations,

$$f_{k,n}(x) - b - \varepsilon_n = 0,$$

et

$$f_{k,n}(x) - b + \varepsilon_n = 0.$$

On trouve alors deux solutions, x_1 et x_2 tels que si P est un point entier on a $q_c(P) \in (x_1, x_2)$, conduisant chacune à deux $q_1 = x_1^p$ et $q_2 = x_2^p$, puis à deux valeurs possibles pour j : j_1 et j_2 tels que $j(P) \in (j_1, j_2)$. Si $|j_1 - j_2| \geq 10^{-6}$, on recommence le même procédé en augmentant n. On vérifie enfin s'il existe $j \in \mathbb{Z} \cap (j_1, j_2)$.

Revenons au choix de η, il nous faut le choisir tel que la condition finale $|j_1 - j_2| \leq 10^{-6}$ soit réalisée, en fait η dépend de plusieurs paramètres : on perd de la précision, lorsque nous élevons le résultat à la puissance p. Cette erreur est maitrisable si l'on connait à l'avance x, or ici nous avons seulement un encadrement de x. De plus l'écart entre x_1 et x_2 dépend de la dérivée de f. Empiriquement, $\eta = 10^{-10}$, semble être une valeur possible. On donne ci-dessous l'algorithme 2, servant à l'énumération des "petits" points entiers.

Avant de considérer le cas $|q_c(P)|^{-1} \geq 10^p$, nous devons faire une petite étude concernant la précision, cette étude servira également dans le cas $|q_c(P)|^{-1} \geq 10^p$. En effet, lorsque nous obtenons x_1 avec une précision ε, on a donc

$$x_1 \in]x_1 - \varepsilon, x_1 + \varepsilon[.$$

Mais lorsque nous calculons x_1^p on obtient le résultat avec un erreur potentiellement grande. De même lorsque nous calculons ensuite $j(x_1^{-p})$. Discutons

3.2. Enumération

Algorithme 2 Recherche des "petits" points entiers de $X_{\text{ns}}^+(p)$

ENTRÉES: $\delta_{c,k}$, $\beta_{c,k}$, $\alpha_{k,l}$, $\mathfrak{s}$, $\mathbf{k}$ et $\mathcal{O}\sigma_l\sigma_c$
SORTIES: L une liste contenant les potentiels points entiers vérifiant $|q_c| \geq 10^{-p}$.

1: • On pose $\eta = 10^{-10}$.
2: • On calcule n tel que $\varepsilon_n < \eta$
3: • On étudie les variations de $f_{\mathbf{k},n}$ sur $[e^{-Pi\sqrt{3}/p}, 10]$
4: • On en déduit un encadrement de b : $B_1 \leq b \leq B_2$.
5: **Pour** b de B_1 à B_2 **faire**
6:    **Pour** chaque intervalle de monotonie **faire**
7:      • Résoudre $f_{\mathbf{k},n}(x_1) - b - \varepsilon = 0$ et $f_{\mathbf{k},n}(x_2) - b + \varepsilon = 0$ avec une précision de 10^{-p-13}.
8:      • Calculer $j_1 = j(x_1^{-p})$ et $j_2(x_2^{-p})$.
9:      **Si** $|j_1 - j_2| \geq 10^{-6}$ **alors**
10:         • Retourner à l'étape 2 avec $\eta = \eta \cdot 10^{-5}$.
11:      **Fin Si**
12:      **Si** $|j_1 - j_2| \geq 10^{-6}$ et $\|j_1\| \leq 10^{-5}$ **alors**
13:         • Ajouter $\|j_1\|$ à la liste L.
14:      **Fin Si**
15:    **Fin pour**
16: **Fin pour**

du lien entre l'erreur ε sur x_1 et l'erreur finale sur j_1. Soit $\tilde{x}$ une valeur approchée de x. Alors si
$$|x - \tilde{x}| < \varepsilon.$$
On a la majoration
$$|x^p - \tilde{x}^p| \leq \varepsilon p |\tilde{x} + \varepsilon|^{p-1}.$$

Concernant le calcul de $j(x^{-1})$, le développement en série de Laurent de j nous indique clairement que x est le terme dominant. C'est la raison pour laquelle nous avons posé $x = q_c^{-1/p}$ et non $q_c = x^{1/p}$. Commençons par remarquer que nous pouvons utiliser ce même développement tronqué à un rang N sans perdre trop de précision. On se ramènera alors au problème de propagation de l'erreur dans une fraction rationnelle. Soit N un entier (dans les exemples numériques $N = 50$ suffit). On note alors
$$j_N = q_c^{-1} + 744 + \sum_{i=1}^{N} c_i q_c^i,$$
où c_i désigne les coefficients du développement de j en série de Laurent. On a alors par positivité des c_i
$$||j(\tau)| - |j_N(\tau)|| \leq \sum_{i=N+1}^{\infty} c_i |q|^i \leq \sum_{i=N+1}^{\infty} c_i |q_0|^i \leq j(\tau_0) - j_N(\tau_0), \quad (3.17)$$
où $\tau_0 = \sqrt{-3}/2$ et $q_0 = e^{2i\pi\tau_0}$. Par exemple pour $N = 50$ on obtient une majoration de l'erreur de 1.06×10^{-83}, ce qui est largement suffisant. On remarque d'ailleurs que plus τ devient grand, plus l'erreur sera petite.

Supposons que l'on connaisse $x^p = q_c^{-1}$ avec une précision ε' et nous souhaitons calculer $j(q_c)$ pour cela nous utilisons la fonction $J_N = j_N \circ q^{-1}$ que nous devrons évaluer en q_c^{-1}. Nous composons par l'inverse de manière à éviter de perdre de la précision en calculant q_c, puis à nouveau q_c^{-1} qui est le terme dominant. On majore ensuite l'erreur grâce au théorème des accroissements finis. Par exemple pour $N = 50$, on obtient une majoration de $|J'_N|$ sur $[e^{\pi\sqrt{3}}, \infty[$ de 8 et de 1 sur $]-\infty, -e^{2\pi}]$. Si l'on note $\tilde{q}_c^{-1}$ la valeur de q_c^{-1} approchée avec une erreur ε, on a alors
$$\left| J_{50}\left(q_c^{-1}\right) - J_{50}\left(\tilde{q}_c^{-1}\right) \right| \leq 8\varepsilon.$$

Finalement en regroupant les résultats ci-dessus, si x est donné avec une précision ε alors $j(x^{-p}) = J(x^p)$ est donnée avec une précision de $8\varepsilon p(x+\varepsilon)^{p-1}$.

Ainsi si nous voulons avoir une précision sur j_1 de 10^{-10} nous devons calculer x_1 avec une erreur de
$$\varepsilon \leq \frac{10^{-10}}{8p}|x|^{-(p-1)}.$$
En considérant $p < 100$ on peut prendre une erreur de 10^{-13-p}, dans le cas où $|x| \leq 10$ comme indiqué dans l'algorithme.

Dans le cas où $|q_c(P)|^{-1} \geq 10^p$, nous ne pouvons pas majorer a priori $q_c(p)^{-1}$, toutefois comme nous l'avons vu dans la partie réduction on a une estimation grossière :
$$\log|q_c| \sim \frac{b_k - \beta_k}{\delta_{c,k}}.$$
On a donc
$$\log|x| \sim p\left|\frac{b_k - \beta_k}{\delta_{c,k}}\right|,$$
On pose alors $n = 1$, et on calcule une première fois x en résolvant l'équation avec ε_n et une précision de
$$p\left\lceil\left|\frac{b_k - \beta_k}{\delta_{c,k}}\right|\right\rceil.$$
On trouve alors une valeur approchée de x. On peut alors réitérer l'algorithme précédent avec le même type d'erreur en remplaçant $|x|$ par la valeur approchée trouvée. Finalement on écrit l'algorithme 3 de recherche des grands points entiers.

Pour conclure cette partie, il nous reste à discuter des cas où $j = 1, \ldots, 1727$ Dans ces cas, soit J dans l'intervalle considéré De J on tire q avec une bonne précision, en résolvant l'équation polynomiale :
$$j_N(q) - J = 0.$$
À ce stade il est important de constater que le calcul de q peut être fait au préalable. Enfin on élimine généralement ces cas en testant si $\|f_{k,n}(q)\| \leq \varepsilon$.

Nous avons maintenant fini l'étape d'énumération des possibilités, après cette étape ne subsistent que quelques points potentiellement entiers.

3.2.2 Vérification des solutions potentielles

Si on trouve $|q_c(P)|$, par cette méthode, on peut raffiner un peu en vérifiant si $\|f_{k',n}\| \leq \varepsilon_n$, pour tous les $k' \neq k$.

Algorithme 3 Recherche des "grands" points entiers de $X_{\text{ns}}^+(p)$

ENTRÉES: $\delta_{c,k}$, $\beta_{c,k}$, $\alpha_{k,l}$,s, $\mathbf{k}$ et $\mathcal{O}\sigma_l\sigma_c$

SORTIES: L une liste contenant les potentiels points entiers vérifiant $|q_c| \leq 10^{-p}$.

1: **Pour** b de $-B_1$ à B_1 **faire**
2: • n=1.
3: **Pour** chaque intervalle de monotonie **faire**
4: • On résout $f_{\mathbf{k},1}(x) - b = 0$ avec une précision de $p\lceil \left|\frac{b_k - \beta_k}{\delta_{c,k}}\right| \rceil$.
5: **Fin pour**
6: • On pose $\eta = 10^{-10}$.
7: • On calcule n tel que $\varepsilon_n(x) < \eta$
8: • On étudie les variations de $f_{\mathbf{k},n}$ sur $[10, +\infty[$
9: **Pour** chaque intervalle de monotonie **faire**
10: • Résoudre $f_{\mathbf{k},n}(x_1) - b - \varepsilon = 0$ et $f_{\mathbf{k},n}(x_2) - b + \varepsilon = 0$ avec une erreur de $10^{-11} p^{-1} |x|^{-(p-1)}$.
11: • Calculer $j_1 = j(x_1^{-p})$ et $j_2(x_2^{-p})$.
12: **Si** $|j_1 - j_2| \geq 10^{-6}$ **alors**
13: • Retourner à l'étape 3 avec $\eta = \eta \cdot 10^{-5}$ et $x = \min(x_1, x_2)$.
14: **Fin Si**
15: **Si** $|j_1 - j_2| \geq 10^{-6}$ et $\|j_1\| \leq 10^{-5}$ **alors**
16: • Ajouter $\|j_1\|$ à la liste L.
17: **Fin Si**
18: **Fin pour**
19: **Fin pour**

Toutefois nous n'avons pas l'assurance d'obtenir réellement un point entier sur $X_{\text{ns}}^+(p)$. Heuristiquement, si l'on suppose que les valeurs de j sont distribuées de manière uniforme, on peut dire que la probabilité que l'on obtienne j_1 proche à $\pm 10^{-3}$ d'un entier est de $2 \cdot 10^{-3}$. Si l'on vérifie cela pour chaque $1 \leq k \leq d-1$, on obtient une probabilité de $2^{d-1} 10^{-3(d-1)}$ d'obtenir d nombres qui soient proche d'un nombre entier. Bien sûr on peut rendre cette probabilité aussi petite que l'on veut. Cependant, nous aimerions pouvoir assurer inconditionnellement si un point est entier ou non.

On rappelle rapidement les résultats de la partie 2.1 : un point $P \in X_{\text{ns}}^+(p)$

est entier s'il lui correspond une courbe elliptique définie sur $\mathbb{Q}$ (par exemple donné par le j invariant entier), telle que

$$\rho_n(\mathrm{Gal}(\bar{\mathbb{Q}}/\mathbb{Q}) \subset \mathcal{C}_{\mathrm{ns}}^+(p).$$

On considère donc E une courbe elliptique définie sur $\mathbb{Q}$, correspondant à $j(P)$. On distingue deux cas suivant la structure du groupe d'endomorphisme de E.

Si E a une multiplication complexe, un résultat classique sur les courbes elliptiques assure que si E est définie sur un corps de nombre K, alors $j(E)$ est un entier algébrique de degré $h(K)$ où $h(K)$ est le nombre de classe de K. Comme $j(P) \in \mathbb{Z}$, on en déduit que $h(K) = 1$. En fait on a bien plus,

Proposition 3.5. *Soit $d > 0$ sans facteur carré et $\mathbb{Q}\left(\sqrt{-d}\right)$ un corps de nombres imaginaire quadratique de nombre de classe 1 et d'anneau d'entier $\mathcal{O}_K$. Soit p un nombre premier inerte dans K. Alors, à toute courbe elliptique avec multiplication complexe par K (c'est-à-dire $\mathrm{End}(E) \simeq \mathcal{O}_K$), on peut faire correspondre un unique point entier sur $X_{\mathrm{ns}}^+(p)$.*

Il n'y a que 13 ordres O dans un corps K avec $h(O) = 1$. Pour chacun de ces 13 ordres, on connaît le valeur de $j(O)$ dans $\mathbb{Z}$. Ainsi, si après l'étape d'énumération, on trouve $j(P)$ appartenant à l'une de ces 13 valeurs :

$$0,\ 54000,\ -12288000,\ 1728,\ 287496,\ -3375,\ 16581375,\ 8000,\ -32768,$$

$$-884736,\ -884736000,\ -147197952000,\ -262537412640768000$$

Alors on cherche le d correspondant à cette valeur, en se référant par exemple au tableau page 192 de [Se97]. On vérifie alors facilement si p est inerte ou non dans $\mathbb{Q}\left(\sqrt{-d}\right)$. Un point entier obtenu de cette manière sera dit point à multiplication complexe.

Dans nos calculs, pour $p \geq 11$, seuls des points à multiplication complexe sont apparus. Si toutefois d'autres points entiers apparaissent il faudrait calculer, au cas par cas, l'image de la représentation galoisienne.

3.3 Algorithme de recherche des points entiers sur $X_{ns}^+(p)$

Dans cette dernière partie, nous allons donner une version algorithmique de ce qui a été fait plus haut. L'intérêt de notre méthode est son caractère effectif. En effet, tous les résultats obtenus plus haut sont parfaitement explicites. Ils nous autorisent à écrire un algorithme prenant en entrée un nombre premier p, et donnant en sortie tous les points $P \in X_{ns}^+(p)$ entiers. L'écriture d'un tel algorithme nous a permis de retrouver les résultats déjà connus pour $X_{ns}^+(7)$ ([Ke85]) et pour $X_{ns}^+(11)$ ([ST12]). Nous présenterons les résultats obtenus pour $7 \le p \le 67$. En particulier nous verrons que, hormis pour le cas $p = 7$, toutes ces courbes n'ont que des points entiers avec multiplication complexe.

3.3.1 Algorithme et commentaire

En combinant tout ce que nous avons fait jusqu'ici nous disposons de l'algorithme 4. Qui prend en entrée un nombre premier p et donne en sortie la liste des points entiers de $X_{ns}^+(p)$.

Nous allons essayer d'analyser cet algorithme afin d'en étudier ses capacités et ses limites.

La première remarque concerne le choix entre un système d'unités fondamentales et un système de rang maximal. Le second a l'avantage d'éviter de recourir à l'hypothèse de Riemann généralisée ou à un certificat très lent. En revanche, il oblige à introduire une nouvelle variable $\mathfrak{m}$ dont on a une mauvaise majoration. Ceci aura pour effet, d'augmenter la borne réduite et donc de considérablement ralentir la dernière étape de l'algorithme. D'après les calculs effectués, on peut se contenter du premier choix au moins pour les petits nombres premiers. Le premier nombre premier qui pose problème est 83, qui nécessite la recherche des unités d'un corps de degré 41.

Outre le calcul des unités, le deuxième point pouvant conduire à une limite de l'algorithme est l'étude de la monotonie des fonctions $f_{\mathbf{k},n}$, en effet après calcul de la dérivée nous obtenons une fraction rationnelle ayant des pôles en dehors des intervalles qui nous intéresse. Le numérateur de cette fraction

Algorithme 4 Recherche des points entiers de $X_{ns}^+(p)$

ENTRÉES: $p \geq 7$ un nombre premier.

SORTIES: L une liste contenant tous les points entiers de $X_{ns}^+(p)$.

- Trouver le plus petit diviseur $d \geq 3$ de $(p-1)/2$ et calculer H l'unique sous-groupe de $\mathbb{F}_p^\times$ d'ordre d.
- Si d est petit essayer de calculer un système d'unités fondamentales de $K = \mathbb{Q}(\zeta_p)^H$ et poser $\mathfrak{m} = 1$. Sinon calculer un système de rang maximal.
- Calculer une borne pour $\mathfrak{m}$ (partie 3.1.2).
- Calculer un système de représentants optimal (partie 1.2.2).
- Fixer une orbite à droite $\mathcal{O}$ de $G_H \backslash M_p$, et calculer le diviseur de $U = u_\mathcal{O}$.

Pour chaque pointe c **faire**

- Chercher U^σ tels que $\text{Ord}_c U = 0$ et construire W. Sinon construire W à partir de U et U^σ.
- Calculer la borne de Baker $\mathcal{B}_0$.

Si $\mathfrak{m} = 1$ **alors**

  Pour i de 1 à $(p-1)/2$ **faire**

  - réduire la borne $\mathcal{B}_0$ grâce à méthode de la partie 3.1.1.

  Fin pour

  $\mathcal{B}_1 :=$ la borne réduite.

Fin Si

Si $\mathfrak{m} > 1$ **alors**

  Pour i de 1 à $(p-1)/2$ **faire**

  - réduire la borne $\mathcal{B}_0$ grâce à méthode de la partie 3.1.2.

  Fin pour

  - $\mathcal{B}_1 :=$ la borne réduite.

Fin Si

- Trouver les solutions vérifiant $|q_c(P)| \leq 10^{-p}$ avec l'algorithme 2. (Retourne une liste L_1).
- Trouver les solutions vérifiant $|q_c(P)| > 10^{-p}$ avec l'algorithme 3. (Retourne une liste L_2).

Fin pour

> **Pour** tous les éléments j de L_1 et L_2 **faire**
> **Si** $\quad j \quad \in \quad \{0, 54000, -12288000, 1728, 287496, -3375, 16581375, 8000,$
> $-32768, -884736, -884736000, -147197952000, -262537412640768000\}$
> **alors**
> **Si** p est inerte dans $\mathbb{Q}(\sqrt{d})$ où d est le discriminant correspondant à j.
> **alors**
> • Ajouter j à L.
> **Fin Si**
> **Sinon** Vérifier si j correspond à un point entier.
> **Fin Si**
> **Fin pour**

rationnelle est un polynôme d'ordre $np-1+2|\mathcal{O}|$, dont nous devons localiser les racines. Dans la plupart des cas, l'algorithme de Sturm nous assure rapidement que ce polynôme n'a pas de racine, dans les intervalles concernés. Dans le pire des cas rencontrés le polynôme a une seule racine que l'on calcule avec la méthode de Brent. Cette étape, peut toutefois être assez longue, mais nous la réalisons qu'une fois pour chaque pointe.

Enfin, l'étape la plus lente est l'étape d'énumération. Lorsque p augmente, on a un double effet négatif : tout d'abord la réduction est moins bonne ce qui nous amène à considérer des solutions potentielles de plus en plus grande et nous oblige donc à augmenter la précision. Le deuxième effet négatif, vient de l'augmentation de p elle-même. En effet, dans les algorithmes d'énumération la précision dépend directement de p. On est donc obligé lorsque p augmente de traiter plus de cas avec une plus grande précision. De plus, au vu de la forme de $f_{\mathbf{k},n}$, les fonctions vont être plus difficiles à évaluer et donc ralentir la méthode de résolution. Heureusement, d'un point de vue purement pratique, on peut pallier en partie la difficulté d'énumération en "parallélisant" l'algorithme. En effet, les énumérations sur chaque pointe sont indépendantes. On peut donc effectuer l'énumération sur toutes les pointes en même temps.

3.4 Exemples numériques

3.4.1 Points entiers sur $X_{\text{ns}}^+(7)$

On considère la courbe modulaire $X_{\text{ns}}^+(7)$ définie sur $\mathbb{Q}$. Cette courbe à trois pointes définies par $\mathcal{L}_{\pm 1}, \mathcal{L}_{\pm 2}, \mathcal{L}_{\pm 3}$ définie sur le corps $\mathbb{Q}(\zeta_7)^+$. Comme $[\mathbb{Q}(\zeta_7)^+ : \mathbb{Q}] = 3$, on prend $d = 3$ et $K = \mathbb{Q}(\zeta_7)^+$. On a alors un système d'unités fondamentales η_1, η_2 donné par exemple par les unités circulaires. Soit P un point entier de $X_{\text{ns}}^+(7)$. Supposons que P soit proche de la pointe à l'infini c_1. Le calcul de la borne de Baker donne dans ce cas $\mathcal{B}_0 = 5.34 \times 10^{19}$, après trois étapes de réduction on obtient $\mathcal{B}_1 = 301$. L'étape d'énumération nous donne trois "petits" points

$$j(P_1) = 2^6 3^3, \quad q_{c_1}(P_1)^{-1/p} \simeq 2.453$$
$$j(P_2) = 0, \quad q_{c_1}(P_2)^{-1/p} \simeq -2.175 \quad (3.18)$$
$$j(P_3) = -2^{15}, \quad q_{c_1}(P_3)^{-1/p} \simeq -4.43$$

et trois "grands" points

$$j(P_4) = 2^{15} 7^5, \quad q_{c_1}(P_4)^{-1/p} \simeq 17.729$$
$$j(P_5) = 2^9 17^6 19^3 29^3 149^3, \quad q_{c_1}(P_5)^{-1/p} \simeq 3530.64 \quad (3.19)$$
$$j(P_6) = -2^{15} 3^3 5^3 11^3, \quad q_{c_1}(P_6)^{-1/p} \simeq -39.392$$

En ce qui concerne la pointe c_2, on obtient une borne de Baker de $\mathcal{B}_0 = 1.85 \times 10^{15}$. Après trois étapes de réduction on obtient $\mathcal{B}_1 = 218$, L'étape d'énumération nous donne un "petit" point

$$j(P_7) = 2^3 3^3 11^3, \quad q_{c_2}(P_7)^{-1/p} \simeq 6.02 \quad (3.20)$$

et un "grand" point

$$j(P_8) = 2^{18} 3^3 5^3 23^3 29^3, \quad q_{c_1}(P_8)^{-1/p} \simeq -307.93 \quad (3.21)$$

En ce qui concerne la pointe c_3, on obtient une borne de Baker de $\mathcal{B}_0 = 1.719 \times 10^{20}$. Après trois étapes de réduction on obtient $\mathcal{B}_1 = 308$. L'étape d'énumération nous donne un "petit" point

$$j(P_8) = 2^6 5^3, \quad q_{c_3}(P_8)^{-1/p} \simeq 3.558 \quad (3.22)$$

et trois "grands" points

$$j(P_9) = 2^6 11^3 23^3 149^3 269^3, \quad q_{c_3}(P_9)^{-1/p} \simeq 1822.31$$
$$j(P_{10}) = 2^3 5^3 7^5, \quad q_{c_3}(P_{10})^{-1/p} \simeq 10.769 \quad (3.23)$$
$$j(P_{11}) = -2^{18} 3^3 5^3, \quad q_{c_3}(P_{11})^{-1/p} \simeq -18.97$$

On retrouve ainsi tous les points de [Ke85]. On constate que l'on a trois points sans multiplication complexe. Ce sera la seule fois que cela arrive dans nos calculs. Le temps de calcul complet est de deux minutes et trente quatre secondes pour $X_{\text{ns}}^+(7)$.

3.4.2 Points entiers sur $X_{\text{ns}}^+(11)$

On considère la courbe modulaire $X_{\text{ns}}^+(11)$ définie sur $\mathbb{Q}$. Cette courbe est le deuxième et dernier cas déjà traité dans [ST12]. Cette courbe à cinq pointes définies par $\mathcal{L}_{\pm i}$ pour $1 \leq i \leq 5$ définie sur le corps $\mathbb{Q}(\zeta_{11})^+$. Comme le degré $[\mathbb{Q}(\zeta_{11})^+ : \mathbb{Q}]$ est égal à 5, on prend $d = 5$ et $K = \mathbb{Q}(\zeta_{11})^+$. On a alors un système d'unités fondamentales $\eta_1, \eta_2, \eta_3, \eta_4$ donnée par exemple par les unités circulaires. Soit P un point entier de $X_{\text{ns}}^+(11)$.

En effectuant le calcul sur chaque pointe on obtient une borne de Baker au pire égale à $\mathcal{B}_0 = 4.85 \times 10^{27}$, après trois étapes de réduction on obtient une borne $\mathcal{B}_1$ comprise entre 528 et 1123. Finalement après l'étape d'énumération on trouve les points suivant : Dans Ω_{c_1},

$$j(P_1) = 2^6 3^3, \quad q_{c_1}(P_1)^{-1/p} \simeq 1.77 \quad (3.24)$$

Dans Ω_{c_2},
$$j(P_2) = 2^3 3^3 11^3, \quad q_{c_2}(P_2)^{-1/p} \simeq 3.13$$
$$j(P_3) = -2^{15} 35^3, \quad q_{c_2}(P_3)^{-1/p} \simeq 4.41 \quad (3.25)$$

Dans Ω_{c_3},
$$j(P_4) = 0, \quad q_{c_2}(P_4)^{-1/p} \simeq -1.63 \quad (3.26)$$

Dans Ω_{c_4},
$$j(P_5) = -2^{18} 3^3 5^3 23^3 29^3, \quad q_{c_4}(P_5)^{-1/p} \simeq -38.33 \quad (3.27)$$

Dans Ω_{c_4},
$$j(P_6) = 2^4 3^3 5^3, \quad q_{c_5}(P_6)^{-1/p} \simeq 2.69$$
$$j(P_7) = -2^{15} 3^3 5^3 11^3, \quad q_{c_5}(P_7)^{-1/p} \simeq -10.36 \quad (3.28)$$

Tous les calculs ont été effectués en 36 minutes et 2 secondes.

3.4.3 Points entiers sur $X_{\text{ns}}^+(13)$

Avant de donner les résultats obtenus sans détails dans la prochaine partie, considérons le cas $p = 13$. Ce cas est intéressant pour plusieurs raisons, tout d'abord c'est le premier cas non traité. Ensuite c'est le premier cas où nous allons pouvoir utiliser un sous-corps de $\mathbb{Q}(\zeta_p)^+$, enfin c'est le premier cas où nous allons obtenir un faux positif. On considère donc la courbe modulaire $X_{\text{ns}}^+(13)$ définie sur $\mathbb{Q}$. Cette courbe à 6 pointes définies par $\mathcal{L}_{\pm 1}, \mathcal{L}_{\pm 2}, \mathcal{L}_{\pm 3}, \mathcal{L}_{\pm 4}, \mathcal{L}_{\pm 5}$ et $\mathcal{L}_{\pm 6}$ définie sur le corps $\mathbb{Q}(\zeta_{13})^+$. Comme $[\mathbb{Q}(\zeta_{13})^+ : \mathbb{Q}] = 6$, il existe un sous-corps de $\mathbb{Q}(\zeta_{13})^+$ de degré $d = 3$ sur $\mathbb{Q}$, il s'agit du corps $K = \mathbb{Q}(\zeta_{13})^H$ où H est le sous-groupe de $\mathbb{F}_{13}^\times$ définie par $H = \{\pm 1, \pm 5\}$. Le corps étant "petit" on trouve sans recourir à l'hypothèse de Riemann généralisée un système d'unités fondamentales exprimées en fonctions de ζ_{13} :

$$\begin{aligned} \eta_1 &= \zeta_{13}^{12} + \zeta_{13}^8 + \zeta_{13}^5 + \zeta_{13} \\ \eta_2 &= -\zeta_{13}^{11} - \zeta_{13}^{10} - \zeta_{13}^3 - \zeta_{13}^2 + 1. \end{aligned} \quad (3.29)$$

Soit P un point entier de $X_{\text{ns}}^+(13)$. En effectuant le calcul sur chaque pointe on obtient une borne de Baker au pire égale à $\mathcal{B}_0 = 3.18 \times 10^{21}$, après trois étapes de réduction on obtient une borne $\mathcal{B}_1$ comprise entre 424 et 863. Finalement après l'étape d'énumération on trouve les points suivant :

$$\begin{aligned} j(P_1) &= -3^5 5^3, \quad q_{c_2}(P_1)^{-1/p} \simeq -1.89 \\ j(P_2) &= -2^{18} 3^3 5^3 23^3 29^3, \quad q_{c_2}(P_2)^{-1/p} \simeq -21.87 \\ j(P_3) &= -2^{15} 3^3, \quad q_{c_3}(P_3)^{-1/p} \simeq -2.86 \\ j(P_4) &= -3^3 5^3 17^3, \quad q_{c_4}(P_4)^{-1/p} \simeq 3.59 \qquad (3.30) \\ j(P_5) &= -2^{15} 3^3 5^3 11^3, \quad q_{c_4}(P_5)^{-1/p} \simeq 3.59 \\ j(P_6) &= 2^6 5^3, \quad q_{c_5}(P_6)^{-1/p} \simeq 1.98 \\ j(P_7) &= -2^{15}, \quad q_{c_6}(P_7)^{-1/p} \simeq -2.23 \end{aligned}$$

Enfin, à ceux-ci s'ajoute un point potentiellement entier qui s'avère ne pas être entier. Détaillons un peu ce cas. Après l'étape d'énumération pour $b_2 = 766$, on trouve

$$j(q_{c_4}(P)) = -2 \cdot 3 \cdot 7 \cdot p_1 \cdot p_2,$$

où p_1 et p_2 sont deux grands nombres premiers. On calcule alors b_1 correspondant à $q_{c_4}(P)$ on trouve alors

$$b_1 = 130,497.$$

avec une erreur au moins inférieure à 10^{-6}. Ce qui nous permet d'écarter ce cas finalement.

3.4.4 Points entiers sur $X_{ns}^+(p)$ avec $17 \leq p \leq 67$

Dans cette dernière partie nous présentons les résultats obtenus pour p compris entre 17 et et 67, dans chacun de ces cas nous avons obtenus uniquement des points de multiplications complexes. De plus en choisissant $\varepsilon_n \leq 10^{-10}$ nous n'avons eu aucun "faux positifs" à traiter. L'étape de vérification a donc été triviale dans tous les cas. À titre d'exemple, le temps total de calculs pour $p = 17$ a été de 6 heures et 4 minutes, alors que le temps total de calculs pour $p = 67$ a été d'environ 145 jours, en calculant simultanément sur chaque pointe le temps de calculs est ramené à 8 jours et 20 heures.

CHAPITRE 4

POINTS DE MULTIPLICATION COMPLEXE SUR LES DROITES

4.1 Introduction

Dans cette deuxième partie, on s'intéresse à un autre problème diophantien. Pour illustrer celui-ci observons que

$$41j(\sqrt{-1}) + 21j\left(\frac{1+\sqrt{-7}}{2}\right) + 27 = 0.$$

qui s'obtient en remarquant que $j(\sqrt{-1}) = 1728$ et $j\left(\frac{1+\sqrt{-7}}{2}\right) = -3375$ où j désigne toujours l'invariant modulaire. De sorte qu'il existe un couple (x_1, x_2) sur la droite complexe d'équation

$$41x + 21y + 27 = 0,$$

où $x_i = j(\tau_i)$. On se demande si d'autres couples existent sur cette droite. Plus précisément, on appelle module singulier les nombres complexes s'écrivant $j(\tau)$ où τ est un nombre quadratique imaginaire. Par conjugaison on peut supposer que τ est dans $\mathcal{H}$. Étant donnée une courbe complexe $\mathcal{C}$ on appelle points de multiplication complexe de $\mathcal{C}$ un couple de modules singuliers $(x_1, x_2) \in \mathcal{C}$.

En 1998, Y. André a montré dans [An98], que *si une courbe irréductible affine plane n'est ni une droite horizontale ni une droite verticale ni la courbe* modulaire $Y_0(n)$, alors elle contient un nombre fini de points (x_1, x_2), tels que x_1 et x_2 sont des modules singuliers.

Ce résultat est le cas le plus simple de la conjecture d'André-Oort toujours ouverte à l'heure actuelle.

La preuve faite par Y. André, n'est pas effective. Entre autres, elle utilise des arguments galoisiens ainsi que des minorations du nombre de classe des corps quadratiques imaginaires non effectives.

Plus récemment dans [Kh12] Lars Khüne a rendu effective cette preuve en utilisant la théorie de Baker sur les formes linéaire en logarithme. Il majore explicitement les discriminants des modules singuliers.

Parallèlement, dans [BMZ12] Yuri Bilu, David Masser et Umberto Zannier ont également établit une preuve effective. Ils illustrent leurs propos en montrant que la courbe $xy = 1$ n'as pas de points de multiplication complexe.

L'objectif de ce chapitre et légèrement différent du point de vue de [BMZ12] et [Kh12]. Nous souhaitons déterminer complètement tous les points de multiplication complexe de notre courbe. Pour cela nous nous restreignons au cas où $\mathcal{C}$ est une droite D nous écartons les cas triviaux ou D est une droite horizontale, vertical ou d'équation $x = y$ conduisant chacun à un nombre infini de solutions.

Notre algorithme utilise la théorie générale des formes linéaires de logarithmes. Contrairement à ce que nous avons fait dans la partie précédente, nous aurons une forme linéaire de logarithmes avec des coefficients algébriques ce qui nous obligera à adapter notre stratégie et à utiliser un résultat de Waldschmidt tiré de [Wa00]. On obtiendra alors une majoration pour les discriminants. Malheureusement cette majoration sera trop faible et ne nous permettra pas d'obtenir ainsi tous les points de multiplication complexe. Pour pallier à ce problème nous aurons recours à des techniques de réductions. Là encore, la forme particulière de notre forme linéaire nous contraindra à utiliser un algorithme de réduction en dimension 3. Enfin nous pourrons énumérer tous les cas possibles et trouver tous les points entiers.

4.2 Préliminaires

Soit j l'invariant modulaire sur le demi-plan de Poincaré $\mathcal{H}$. On note τ un nombre imaginaire quadratique de $\mathcal{H}$. Alors τ est une racine d'un polynôme du type

$$aX^2 + bX + c, \quad (a,b,c) \in \mathbb{Z}^3, \quad a \neq 0, \quad \gcd(a,b,c) = 1.$$

Notons $-\Delta = 4ac - b^2 > 0$ l'opposé de son discriminant. Soit $K = \mathbb{Q}\left(i\sqrt{\Delta}\right)$ le corps imaginaire quadratique défini par Δ. Soit E la courbe elliptique associée à isomorphisme près à $j(\tau)$. On note $\mathcal{L}_\tau$ le réseau de $\mathbb{C}$ égal à $\mathbb{Z} + \tau\mathbb{Z}$. Son anneau d'endomorphisme $\mathrm{End}(\mathcal{L}_\tau)$ est isomorphe à un ordre $\mathcal{O}_\tau$ inclus dans $\mathcal{O}_K$, l'anneau des entiers de K. Alors la courbe elliptique E a une multiplication complexe par $\mathcal{O}_\tau$. De plus on a une bijection entre les $\mathcal{L}_\theta$ où θ parcourt les conjugués de $j(\tau)$ et les classes d'idéaux de $\mathcal{O}_\tau$. Dans la littérature, on trouve beaucoup d'ouvrages traitant des courbes elliptiques avec multiplication complexe, on peut se référer au Chapitre 2 de [Si94] par exemple. Dans notre cas nous aurons besoin du résultat suivant : $j(\tau)$ est un entier algébrique de degré $h(\mathcal{O}_\tau)$, où $h(\mathcal{O}_\tau)$ désigne le nombre de classe de $\mathcal{O}_\tau$. On définit le polynôme de Hilbert associé à $j(\tau)$ par :

$$H = \prod \left(X - j(\tau)^\sigma\right),$$

où $j(\tau)^\sigma$ décrit les conjugués de $j(\tau)$. Les conjugués de $j(\tau)$ sont les nombres $j(\theta_i)$ où

$$\theta_i = \frac{-b_i + i\sqrt{\Delta}}{2a_i} \in \mathcal{D},$$

et (a_i, b_i) décrit les formes quadratiques réduites (ie avec $|b_i| \leq a_i \leq c_i$ de coefficient (a_i, b_i, c_i) de de discriminant $-\Delta$. Le calcul des polynômes de Hilbert est un problème algorithmiquement difficile en général. On distingue plusieurs types de méthodes, la première consiste à calculer des valeurs approchées de la fonction j en chaque θ_i, puis en développant le polynôme H et en arrondissant les coefficients on obtient le polynôme de Hilbert. Heuristiquement, cette méthode fonctionne en utilisant une assez bonne précision. Le problème de cette méthode réside dans le contrôle de l'erreur sur les coefficients du polynôme pouvant conduire à une erreur d'arrondi. Dans notre situation, cette méthode suffira, on contrôlera l'erreur de manière précise dans le peu de cas où nous en aurons besoin. Cette méthode est décrite dans le livre de Henri Cohen [1] : Algorithme 7.6.1. On peut trouver une analyse de la complexité dans [En09]. La deuxième méthode utilise l'analyse p-adique, elle est introduite dans [CH02] et [Br07] et consiste à trouver des courbes elliptiques modulo des petits nombres premiers ayant une multiplication complexe par $\mathcal{O}_K$. Cette méthode présente l'avantage d'être garantie. Enfin une dernière méthode consistant à réduire le polynôme modulo de petits nombres premiers, puis à utiliser le théorème des restes chinois est décrite dans [ALV04].

Soit $(\alpha, \beta, \gamma) \in \mathbb{Z}^3$, on considère la droite complexe D définie sur $\mathbb{Q}$ par

$$D : \alpha X + \beta Y + \gamma = 0.$$

La droite n'étant pas verticale et horizontale on a $\alpha \cdot \beta \neq 0$. On suppose de plus $\gamma \neq 0$. Quitte à diviser par le pgcd(α, β, γ) on peut supposer

$$\text{pgcd}(\alpha, \beta, \gamma) = 1.$$

Soit $(x_1, x_2) \in D$ des points de multiplication complexe (on notera points CM dans la suite), notons τ_1 et τ_2 les deux nombres quadratiques imaginaires de $\mathcal{H}$ vérifiant $x_i = j(\tau_i)$ pour $i = 1$ et 2. On note

$$a_i \tau_i^2 + b_i \tau_i + c_i.$$

où $(a_i, b_i, c_i) \in \mathbb{Z}^3$ les polynômes minimaux des τ_i. On note $-\Delta_i = b_i^2 - 4 a_i c_i < 0$ le discriminant des τ_i.

Par symétrie on peut supposer, $\Delta_1 \geq \Delta_2$. On a $x_1 = j(\tau_1)$ et donc *a priori*

$$\tau_1 = \frac{-b_1 - \sqrt{-\Delta_1}}{2 a_1}.$$

Cependant, comme D est définie sur $\mathbb{Q}$, on ne change pas l'équation en faisant agir le groupe de Galois du corps de Hilbert. Ainsi si $(x_1, x_2) \in D$ alors $(x_1^\sigma, x_2^\sigma) \in D$ pour tout élément du groupe de Galois. Or les conjugués de x_1 sont connus, il s'agit des $j(\theta)$ où θ décrit les racines appartenant à $\mathcal{D}$ des polynômes ayant un discriminant égal à $-\Delta_1$.

Lemme 4.1. *Il existe un conjugué de x_1 s'écrivant*

$$x_1^\sigma = j\left(\frac{\Delta_1 + \sqrt{-\Delta_1}}{2}\right) = j\left(\frac{c + \sqrt{-\Delta_1}}{2}\right),$$

4.2. Préliminaires

où $c = 0$ si Δ_1 est pair et $c = 1$ sinon.

Démonstration. On peut faire appel à la bijection entre les classes d'idéaux et les réseaux $\mathcal{L}_\tau$. En prenant la classe correspondant aux idéaux principaux on trouve
$$\mathcal{L}_\tau = \mathbb{Z} + \frac{\Delta_1 + \sqrt{\Delta_1}}{2}\mathbb{Z} \simeq \mathcal{O}_K.$$
□

Quitte à remplacer x_1 par son conjugué on peut donc écrire
$$x_1 = j(\tau_1), \qquad \tau_1 = \frac{c + \sqrt{-\Delta_1}}{2}.$$
La partie réel de τ_1 est alors nulle ou égal à $1/2$, de sorte que x_1 est un nombre réel.

L'élément x_1 étant fixé, intéressons-nous à x_2. Comme pour x_1 on a a priori
$$\tau_2 = \frac{b + \sqrt{-\Delta_2}}{2a} \tag{4.1}$$
où $a, b \in \mathbb{Z}$ et $a > 0$. De plus sans modifier x_2, on peut appliquer des homographies modulaires à τ_2. Ainsi on peut supposer que $\tau_2 \in \mathcal{D}$ où $\mathcal{D}$ est définie dans (1.8). Cette condition nous donne
$$a \geq |b|.$$
De plus, le lemme 5.3.4 de [1] donne
$$a \leq \sqrt{\Delta_2/3}.$$
Cette majoration nous sera utile dans la suite. Enfin on a $b \equiv \Delta_2 \pmod{2}$.

Finalement comme $x_1 \in \mathbb{R}$ et $(x_1, x_2) \in \mathbb{R}$ on a $x_2 \in \mathbb{R}$ et donc d'après 2.1 on a trois possibilités
$$b = 0, \quad b = a \quad \text{ou} \quad |\tau_2| = 1 \text{ et } 0 < \text{Re}(\tau_2) < 1/2.$$
Ces remarques nous seront très utiles dans l'étape d'énumération.

Avant de passer à l'étude proprement dite des points de multiplication complexe de D, écartons un cas trivial. Supposons que x_1 est nul, alors on a
$$x_2 = -\gamma/\beta \in \mathbb{Q},$$

mais comme x_2 est un entier algébrique on obtient $x_2 \in \mathbb{Z}$, les modules singuliers dans $\mathbb{Z}$ sont bien connus. Il s'agit des j-invariants de courbes elliptiques avec multiplication complexe par l'anneau des entiers d'un corps imaginaire quadratique de nombre de classe 1 ainsi x_2 est égal à l'un des nombres

$$0,\ 54000,\ -12288000,\ 1728,\ 287496,\ -3375,\ 16581375,\ 8000,\ -32768,$$

$$-884736,\ -884736000,\ -147197952000,\ -262537412640768000$$

Le même raisonnement tient pour $x_2 = 0$, dans la suite on suppose $x_1, x_2 \neq 0$.

4.3 Réduction à une forme linéaire de logarithmes

Tout d'abord nous allons réduire ce problème à une forme linéaire de logarithmes. On suppose pour le moment que $\alpha \neq \pm \beta$.

Soit (x_1, x_2) un point de multiplication complexe de D. Au vu de l'équation de D on a

$$1 + \frac{\gamma}{\alpha x_1} = -\frac{\beta x_2}{\alpha x_1},$$

donc

$$\left|\log\left|\frac{\beta}{\alpha}\frac{x_2}{x_1}\right|\right| = \left|\log\left|1 + \frac{\gamma}{\alpha x_1}\right|\right|.$$

Pour $|x_1| \geq 2|\gamma|/|\alpha|$, on applique le lemme 2.5 avec $r = 0.5$

$$\left|\log|x_2| - \log|x_1| + \log\left|\frac{\beta}{\alpha}\right|\right| \leq (2\log 2)\frac{|\gamma|}{|\alpha|}|x_1|^{-1}. \qquad (4.2)$$

On obtient ainsi une forme linéaire de logarithmes, avec une bonne majoration. Seulement nous souhaitons majorer le discriminant Δ_1. De manière schématique d'une part on a

$$\log|x_2| - \log|x_1| + \log\left|\frac{\beta}{\alpha}\right| \sim 0.$$

D'autre part on montre dans la suite que lorsque x_i devient grand on a

$$x_i \sim e^{-2i\pi\tau_i} + 744 \qquad (4.3)$$

4.3. Réduction à une forme linéaire de logarithmes

Ainsi en combinant, ces deux résultats et en rendant les $\sim$ effectifs, nous allons obtenir une inégalité sur les Δ_i du type

$$\pi\sqrt{\Delta_2}/a - \pi\sqrt{\Delta_2} + \log\left|\frac{\beta}{\alpha}\right| \sim 0. \qquad (4.4)$$

À partir de maintenant on suppose que $\Delta_1 \geq 6$. Pour les cas où $6 \geq \Delta_1 \geq \Delta_2$, nous avons un petit nombre de cas à tester, nous verrons dans la partie énumération, comment traiter ces cas.

On note c_n les coefficients du développement en série de Laurent de la fonction j. On a la propriété remarquable $c_n \geq 0$. On peut maintenant préciser l'inégalité (4.3). Pour $\Delta_1 \geq 6$, en utilisant la positivité des coefficients c_n, on obtient

$$\left||j(\tau_1)| - \left|e^{\pi\sqrt{\Delta_1}}\right|\right| \leqslant \sum_{k=0}^{\infty} c_n|q_1|^n \leqslant \sum_{k=0}^{\infty} c_n e^{-\pi n\sqrt{6}} \leqslant j\left(\frac{\sqrt{-6}}{2}\right) - e^{\pi\sqrt{6}} \leqslant 839. \qquad (4.5)$$

Nous pouvons maintenant préciser l'égalité (4.4)

Proposition 4.2. *On rappelle que* $\Delta_1 \geq 6$, *on suppose de plus que* $|\Delta_2/a^2| \geq 6$, *on a alors l'égalité*

$$\left|\pi\frac{\sqrt{\Delta_2}}{a} - \pi\sqrt{\Delta_1} + \log\left|\frac{\beta}{\alpha}\right|\right| \leq \kappa e^{-\pi\sqrt{\Delta_2}}, \qquad (4.6)$$

où $\kappa = 2128 + 3\dfrac{|\gamma|}{|\alpha|}$.

Démonstration. Tout d'abord, les équations (4.5) et (4.2) donnent

$$\left|\log|x_2| - \log|x_1| + \log\left|\frac{\beta}{\alpha}\right|\right| \leq \frac{2\log 2|\gamma|}{|\alpha|\left(e^{\pi\sqrt{\Delta_1}} - 839\right)} \leqslant 3\frac{|\gamma|}{|\alpha|}e^{-\pi\sqrt{\Delta_1}} \qquad (4.7)$$

En utilisant encore le développement en série de Laurent de j, on montre que $\log|x_1|$ est proche de $\pi\sqrt{\Delta_1}$ sous certaines hypothèses raisonnables sur Δ_1, on peut faire la même chose avec $\sqrt{\Delta_2}/a$. En détail, pour $|q| \leq e^{-\pi\sqrt{6}}$, le même argument que pour (4.5) nous donne

$$\left|\sum_{n\geq 0} c_n q^{n+1}\right| \leq 839|q| \leq 0.39.$$

où les c_n sont toujours les coefficients du développement en série de Laurent.

On applique le lemme 2.5 avec $r = 0.39$ on obtient alors

$$\left| \log |j(\tau)| - \log |q| \right| = \left| \log \left| 1 + \sum_{n \geq 0} c_n q^{n+1} \right| \right| \leq 1064 |q|. \tag{4.8}$$

En l'appliquant à $q_1 = e^{2i\pi \tau_1}$ et $q_2 = e^{2i\pi \tau_2/a}$ et en utilisant (4.7) on obtient

$$\left| \pi \frac{\sqrt{\Delta_2}}{a} - \pi \sqrt{\Delta_1} + \log \left| \frac{\beta}{\alpha} \right| \right| \leq \left(1064 + 3 \frac{|\gamma|}{|\alpha|} \right) e^{-\pi \sqrt{\Delta_1}} + 1064 e^{-\pi \sqrt{\Delta_2}/a},$$

ce qui nous donne le résultat. □

Remarquons que si $\tau \in \mathcal{D}$, alors sa partie imaginaire est minorée par $\sqrt{3}/2$. En utlisant le même raisonnement que dans (4.5), on montre le Lemme 1 de [BMZ12] : si $\tau \in \mathcal{D}$ et y est sa partie imaginaire on a

$$||j(\tau)| - e^{2\pi y}| \leq 2079.$$

On peut voir que la condition imposée à Δ_2/a^2, peut se ramener à une condition sur Δ_1. En effet, si l'on suppose que $\Delta_2/a^2 \leq 6$ on a,

$$|x_2| \leq e^{\pi \sqrt{\Delta_2}/a} + 2079 \leq e^{\pi \sqrt{6}} + 2079 \leq 4277.$$

Enfin en utilisant l'équation de D, on en déduit une majoration de x_1, puis de Δ_1,

$$\Delta_1 \leq \left(\frac{1}{\pi} \log \left(2079 + \frac{4277 |\beta| + |\gamma|}{\alpha} \right) \right)^2 = C_{\Delta_1}.$$

Par exemple, en supposant que les coefficients de l'équation de D sont bornés en module par 100, on obtient $\Delta_1 \leq 18$.

L'important ici est le comportement de la forme linéaire lorsque Δ_1 grandit. Lorsque $\sqrt{\Delta_2}/a$ devient grand, alors la forme linéaire se rapproche de zéro. En particulier $\pi \left(\sqrt{\Delta_2}/a - \sqrt{\Delta_1} \right)$ est très proche de $\log |\beta/\alpha|$ lorsque $\sqrt{\Delta_2}/a$ est grand. Avant de passer à la théorie de Baker qui nous permettra de minorer la forme linéaire de logarithmes, puis par comparaison de majorer les discriminants, nous avons besoin de remplacer Δ_2 par Δ_1 dans la proposition 4.2.

Lemme 4.3. *Avec les mêmes notations, en supposant de plus que*

$$\Delta_2/a^2 \geq \left(\frac{\log \kappa}{\pi} \right)^2 \quad \Delta_1 \geq \left(\frac{1 + \log |\beta/\alpha|}{\pi} \right)^2,$$

4.3. Réduction à une forme linéaire de logarithmes

on a :
$$\frac{\sqrt{\Delta_2}}{a} \geq \frac{\sqrt{\Delta_1}}{2}.$$

Donc (4.6) devient

$$\left| \pi \left(\frac{\sqrt{\Delta_2}}{a} - \sqrt{\Delta_1} \right) + \log \left| \frac{\beta}{\alpha} \right| \right| \leq \kappa e^{-\pi \sqrt{\Delta_1}/2} \tag{4.9}$$

Démonstration. La condition sur Δ_2 et (4.6) nous donne

$$\sqrt{\Delta_2} \geq \frac{\sqrt{\Delta_2}}{a} \geq \sqrt{\Delta_1} - \frac{1 + \log |\beta/\alpha|}{\pi} \geq \frac{\sqrt{\Delta_1}}{2}.$$

La dernière inégalité étant obtenue en utilisant l'hypothèse faite sur Δ_1. $\square$

Ici aussi on peut retranscrire la condition sur Δ_2 en une majoration de Δ_1, on obtient de la même manière

$$\Delta_1 \leq \left(\frac{1}{\pi} \log \left(2079 + \frac{(4207 + 3|\gamma|/|\alpha|)|\beta| + |\gamma|}{\alpha} \right) \right)^2 = C'_{\Delta_1}.$$

Notons

$$\delta_1 = \max \left(C_{\Delta_1}, C'_{\Delta_1}, \left(\frac{1 + \log |\beta/\alpha|}{\pi} \right)^2, 6 \right).$$

On suppose dans la suite que $\Delta_1 \geq \delta_1$, de sorte que l'équation (4.9), reste valide.

Avant de passer à la théorie des formes linéaires de logarithmes, traitons le cas $\alpha = \pm \beta$ (On rappelle que le cas $(1, -1, 0)$ est exclu et conduit à une infinité de solutions), que nous avons laissé de côté. Dans ce cas on a $\log |\beta/\alpha| = 0$ de sorte que l'équation (4.9) devient

$$\left| \frac{\sqrt{\Delta_2}}{a} - \sqrt{\Delta_1} \right| \leq \frac{\kappa}{\pi} e^{-\pi \sqrt{\Delta_1}/2}. \tag{4.10}$$

On distingue deux cas. Tout d'abord si le terme de gauche est nul, on a alors

$$\frac{\Delta_2}{\Delta_1} = a^2.$$

De sorte que $\Delta_1 \mid \Delta_2$, mais $\Delta_1 \geq \Delta_2$ d'où $\Delta_1 = \Delta_2$ et $a = 1$. Mais alors x_1 et x_2 sont conjugués, plus encore on sait que

$$x_1 = j \left(\frac{0 \text{ ou } 1 + \sqrt{\Delta_1}}{2} \right), \quad x_2 = j \left(\frac{b + \sqrt{\Delta_1}}{2} \right).$$

avec $|b| \leq a = 1$, donc $b = 0$ ou 1. Ainsi si x_1 et x_2 sont de même signe alors, $\alpha = \beta$ et $x_1 = x_2 = -\gamma/(2\alpha)$. Si x_1 et x_2 sont de signes opposés, sans perdre de généralité on peut supposer $x_1 > 0$. Soit A un entier supérieur ou égal à 5 et $\Delta_1 \geq A$. On a alors

$$\begin{aligned} x_1 &= e^{\pi\sqrt{\Delta_1}} + 744 + \varepsilon_1 \\ x_2 &= -e^{\pi\sqrt{\Delta_1}} + 744 + \varepsilon_2 \end{aligned} \quad (4.11)$$

où ε_1 et ε_2 peuvent être facilement bornés par une constante commune C_A dépendant de A en utilisant le développement de j. On remarque que C_A tend vers zéro lorsque A tend vers l'infini. On distingue deux cas :

- Si $\alpha = -\beta$, alors $2e^{\pi\sqrt{\Delta_1}} + \varepsilon_1 - \varepsilon_2 = \gamma/\alpha$. On note $\varepsilon = \varepsilon_1 - \varepsilon_2$ de sorte que $|\varepsilon| < 2C_A$. On obtient alors

$$\Delta_1 \leq \left(\frac{1}{\pi} \log\left(\frac{1}{2}\left|\frac{\gamma}{\alpha}\right| + C_A\right)\right)^2.$$

Par exemple pour $(\alpha, \beta, \gamma) = (2, -2, 3)$, avec $A = 5$ on obtient $C_A = 159$ et donc $\Delta_1 \leq 2$.
- Si $\alpha = \beta$ on a

$$1488 + \varepsilon_1 + \varepsilon_2 = \gamma/\alpha.$$

Tout d'abord on remarque que si $\gamma/\alpha = 1488$ alors, on a

$$\varepsilon_1 + \varepsilon_2 = \sum_{p \geq 1} c_{2p} q_{\tau_1}^{2p} = 0.$$

Et alors $q_{\tau_1} = 0$. Il n'y a donc pas de solution dans ce cas. Si $\Delta_1 \geq 5$ on a dans le pire des cas $\varepsilon \leq 35$, ainsi si $\gamma/\alpha \notin\,]1488, 1523]$ il n'y a pas de solution. Enfin pour les cas restants, quitte à augmenter A on peut prendre C_A telle que $2C_A < |\gamma/\alpha - 1488|$. Alors il n'y pas de solution pour $\Delta_1 \geq A$, et on teste tous les $\Delta_1 \leq A$.

D'un autre coté si $\delta = \dfrac{\sqrt{-\Delta_2}}{a} - \sqrt{\Delta_1}$ est non nul. On a l'inégalité classique

$$|\delta| \geq e^{-d h(\delta)},$$

où $d = [\mathbb{Q}(\delta) : \mathbb{Q}]$ et $h(\cdot)$ désigne la hauteur logarithmique absolue définie par (2.62). On a alors

$$h(\delta) \leq h\left(\frac{\sqrt{\Delta_2}}{a}\right) + h\left(\sqrt{\Delta_1}\right) + \log 2 \leq \log\left(2\sqrt{\Delta_1}\right) \quad (4.12)$$

D'où en combinant (4.10) et (4.12), on obtient une très bonne borne pour Δ_1 :

$$\Delta_1 \leq \frac{16}{\pi^2}\left(4\log\frac{8}{\pi} + \log\frac{\kappa}{\pi} + 4\log 2\right)^2.$$

Ce qui donne une majoration de quelques centaines, permettant d'énumérer rapidement.

4.4 Forme linéaire de logarithmes et théorie de Baker

L'inégalité (4.9) nous donne une forme linéaire, majorée en fonction de notre paramètre Δ_1, ceci va nous permettre d'appliquer la méthode de Baker. Celle-ci va nous conduire à minorer le terme de gauche puis par comparaison nous majorerons Δ_1, mais avant tout réécrivons (4.9), on pose

$$\delta = \frac{\sqrt{-\Delta_2}}{a} - \sqrt{-\Delta_1}.$$

de sorte que

$$|\Lambda| = \left|\delta \cdot \log(-1) + \log\left|\frac{\beta}{\alpha}\right|\right| \leq \kappa e^{-\pi\sqrt{\Delta_1}/2}. \quad (4.13)$$

Nous ne pouvons pas appliquer le théorème de Matveev 2.26, celui-ci nécessite des coefficients entiers. Or ici, nous avons un coefficient algébrique : δ. C'est pourquoi nous utilisons le [Wa00, Theorem 9.1], retranscrit ici :

Théorème 4.4. *Pour $m \geq 1$, il existe une constante positive $C(m)$ ayant la propriété suivante. Soit $\lambda_1, \ldots, \lambda_m$ des logarithmes nombres algébriques $\mathbb{Q}$ - linéairement indépendants. Soient $\alpha_j = \exp(\lambda_j)$ pour $1 \leq j \leq m$. Soient $\beta_0, \ldots, \beta_m$ des nombres algébriques non tous nuls. On note D le degré du corps de nombres*

$$\mathbb{Q}(\alpha_1, \ldots, \alpha_m, \beta_0, \ldots, \beta_m),$$

sur $\mathbb{Q}$. Enfin B, E, E^* sont des nombres réels positifs $\geq$ e et $A_1, \ldots, A_m$ sont des nombres réels. On suppose que

$$\log A_j \geq \max\left\{h(\alpha_j), \frac{E|\lambda_j|}{D}, \frac{\log E}{D}\right\} \quad (1 \leq j \leq m),$$

$$\log E^* \geq \max\left\{\frac{1}{D}\log E, \log\left(\frac{D}{\log E}\right)\right\},$$

et $B \geq E^*$. De plus

$$B \geq \max_{1 \leq i \leq m} \frac{D \log A_i}{\log E} \quad \text{and} \quad \log B \geq \max_{1 \leq i \leq m} \operatorname{h}(\beta_i).$$

et

$$\Lambda = \beta_0 + \beta_1 \lambda_1 + \cdots + \beta_m \lambda_m.$$

Si $\Lambda \neq 0$ on a

$$|\Lambda| > \exp\left(-C(m) D^{m+2} (\log B)(\log A_1)(\log A_m)(\log E^*) (\log E)^{-m-1}\right).$$

En pratique on peut prendre $C(m) = 2^{26m} m^{3m}$.

On applique ce théorème à notre situation. Ici, nous majorons $\sqrt{\Delta_1}$ et donc Δ_1.

Proposition 4.5. *On suppose*

$$\Delta_1 \geq \max\left\{\left(e^1 \pi\right)^2, \left(e^1 \log |\beta/\alpha|\right)^2\right\}.$$

Alors

$$\sqrt{\Delta_1} \leq 2\left(K_1 \log K_1 + K_2\right),$$

où

$$K_1 = 2^{65} \cdot 11 \cdot \log |\beta/\alpha|, \quad K_2 = K_1 \log 2 + \frac{2}{\pi} \log \kappa.$$

Démonstration. On applique le théorème, pour cela on pose

$$\beta_1 = \delta,\ \beta_2 = 1,\ \alpha_1 = -1,\ \alpha_2 = \left|\frac{\beta}{\alpha}\right|,\ E = e.$$

On commence par calculer $\log A_1$ et $\log A_2$, on a

$$\log A_1 \geq \max\{0, e\pi/2, 1/2\} = e\pi/2.$$

De même on trouve

$$\log A_2 \geq \frac{e\left|\log\left|\frac{\beta}{\alpha}\right|\right|}{2}.$$

On peut prendre $E^* = 4$, il nous reste à trouver B, on rappelle que nous avons calculer la hauteur de δ dans (4.12)

$$\operatorname{h}(\delta) \leq \log\left(2\sqrt{\Delta_1}\right).$$

donc B doit vérifier

$$B \geq \max\left\{\frac{2e\pi}{\log E}, 2e\left|\log\left\|\frac{\beta}{\alpha}\right\|\right|\right\} \text{ et } \log B \geq \log\left(2\sqrt{\Delta_1}\right) \geq \mathrm{h}(\delta).$$

Finalement on prend

$$B = 2\sqrt{\Delta_1}.$$

On obtient alors

$$|\Lambda| \geq \exp\left(-2^{64} \cdot 33 \cdot |\log|\beta/\alpha\|| \cdot \log 2\sqrt{\Delta_1}\right).$$

En comparant avec (4.13) on obtient finalement

$$\sqrt{\Delta_1} \leq K_1 \log\sqrt{\Delta_1} + K_2.$$

Enfin le lemme 2.27 nous permet de conclure. □

Dans les hypothèses du théorème précédent on ajoute une condition sur Δ_1, on note encore $\delta_1 = \max\left(\delta_1, \{(e^1\pi)^2, (e^1\log|\beta/\alpha|)^2\}\right)$.

On remarque que la borne de Baker notée $\mathcal{B}_0$ dans la suite est complètement explicite :

$$\mathcal{B}_0 = 2^{66} \cdot 11 \cdot \log\left|\frac{\beta}{\alpha}\right| \cdot \log\left(2^{65} \cdot 11 \cdot \log\left|\frac{\beta}{\alpha}\right|\right) + 2^{66} \cdot 11 \cdot \log 2 \cdot \log\left|\frac{\beta}{\alpha}\right| + \frac{4}{\pi}\log\kappa.$$

On obtient de cette manière une grande borne pour Δ_1, de l'ordre de 10^{50}. Par exemple, dans le cas

$$41x + 21y + 27 = 0,$$

on obtient $\mathcal{B}_0 \approx 2.72 \times 10^{45}$. La borne $\mathcal{B}_0$, est beaucoup trop grande pour espérer tester toutes les possibilités. Le point crucial est son existence. À partir de $\mathcal{B}_0$, nous allons pouvoir calculer une borne $\mathcal{B}_1$ plus petite telle que ces points de multiplication complexe de la droite vérifie $\Delta_1 \leq \mathcal{B}_1$.

Il nous reste à traiter le cas $\Lambda = 0$. Supposons qu'il existe un point de multiplication complexe sur D tel que $\Lambda = 0$, alors on obtient

$$\delta = 0 \quad \text{et} \quad \beta = \pm\alpha,$$

nous qui nous conduit au cas déjà traités plus haut.

Enfin, remarquons que l'on a démontré ici la finitude du nombre de points de multiplication complexe sur D. En effet on a montré que si $(x_1, x_2) \in D$ alors le discriminant correspondant à x_1 et x_2 est majoré par $\mathcal{B}_0$. Les discriminants étant des entiers positifs, et chaque discriminant conduisant à un nombre fini de solutions on a bien la finitude du nombre de points de multiplication complexe.

4.5 Réduction de la borne de Baker

On utilise ici une méthode semblable à celle de la partie 3.1.2. Nous sommes contraints d'utiliser l'algorithme LLL. La principale difficulté dans ce cas réside, une fois encore, dans la forme des coefficients de Λ. En effet, on a affaire ici à des nombres algébriques de degré 2. Les méthodes de réduction basées sur LLL utilisent des formes linéaires à coefficients entiers. Pour pallier ce problème nous allons multiplier Λ par tous ses conjugués. Nous obtiendrons, ainsi, une forme linéaire Λ' à coefficients entiers. Cette manipulation, va avoir l'inconvénient d'augmenter de manière drastique la majoration faite sur Λ. Toutefois, nous obtiendrons à la fin de cette partie une borne permettant une énumération systématique.

Tout d'abord, nous linéarisons Λ. En effet les coefficient de Λ ne sont pas des entiers mais des nombres algébriques irrationnels. On multiplie Λ par tous ses conjugués puis par a^4 pour supprimer le dénominateur, on obtient

$$|\Lambda'| = \left| \pi^4 \left(\Delta_2 - a^2 \Delta_1 \right)^2 + 2a^2 \pi^2 \log^2 \left| \tfrac{\alpha}{\beta} \right| (\Delta_2 + a^2 \Delta_1) + a^4 \log^4 \left| \tfrac{\alpha}{\beta} \right| \right|.$$

Remarquons que par conjugaison complexe on a,

$$\left| -i\pi \frac{\sqrt{-\Delta_2}}{a} - i\pi \sqrt{-\Delta_1} + \log \left| \tfrac{\beta}{\alpha} \right| \right| = \left| i\pi \frac{\sqrt{-\Delta_2}}{a} + i\pi \sqrt{-\Delta_1} + \log \left| \tfrac{\beta}{\alpha} \right| \right|,$$

$$\left| i\pi \frac{\sqrt{-\Delta_2}}{a} - i\pi \sqrt{-\Delta_1} + \log \left| \tfrac{\beta}{\alpha} \right| \right| = \left| -i\pi \frac{\sqrt{-\Delta_2}}{a} + i\pi \sqrt{-\Delta_1} + \log \left| \tfrac{\beta}{\alpha} \right| \right|.$$

En regroupant les termes ayant la même valeur absolue et supposant $\Delta_1 \geq$

4.5. Réduction de la borne de Baker

δ_1 on a

$$|\Lambda'| = a^4 \left| i\pi \frac{\sqrt{\Delta_2}}{a} - i\pi\sqrt{\Delta_1} + \log\left|\frac{\beta}{\alpha}\right| \right|^2 \cdot \left| i\pi \frac{\sqrt{\Delta_2}}{a} + i\pi\sqrt{\Delta_1} + \log\left|\frac{\beta}{\alpha}\right| \right|^2$$

$$\leq a^4 \kappa^2 e^{-\pi\sqrt{\Delta_1}} \cdot \left(\kappa e^{-\pi\sqrt{\Delta_1}/2} + 2\pi\sqrt{\Delta_1}\right)^2 \leq a^4 \kappa' e^{-\frac{\pi}{2}\sqrt{\Delta_1}}.$$

où $\kappa' = \kappa^4 e^{-3\pi\sqrt{6}/2} + 4\pi\kappa^3 e^{-\pi\sqrt{6}/2} + 4\pi^2\kappa^2$. La majoration, $a \leq \sqrt{\Delta_2/3} \leq \sqrt{\Delta_1/3}$, nous donne finalement

$$|\Lambda'| \leq 10\kappa' e^{-\sqrt{\Delta_1}}. \tag{4.14}$$

Dans le but de simplifier les notations nous notons

$$\Lambda' = a_1\eta_1 + a_2\eta_2 + a_3\eta_3,$$

où $a_i \in \mathbb{Z}$ pour $i = 1, 2, 3$ et

$$\eta_1 = \pi^4, \quad \eta_2 = 2\pi^2 \log^2\left|\frac{\alpha}{\beta}\right|, \quad \eta_3 = \log^4\left|\frac{\alpha}{\beta}\right|.$$

Soit $B = \max_{1 \leq i \leq 3} |a_i|$, alors on a $B \leq \Delta_1^4/9 \leq B_0^4/9 =: B_0'$.

La méthode de réduction utilisée dans la partie 3.1.2, utilisait les relations entre deux variables. Dans notre cas, nous avons trois variables dont il parait difficile d'extraire une relation entre deux d'entre elles. Nous revenons donc à la méthode originel de N. Tzanakis et B.M.M. de Weger introduite dans [TW89].

Soit C un "grand" entier dont on discutera la taille à la fin de cette partie. On considère le réseau engendré par les colonnes de

$$A = \begin{pmatrix} 1 & 0 & 0 \\ 0 & 1 & 0 \\ [C \cdot \eta_1] & [C \cdot \eta_2] & [C \cdot \eta_3] \end{pmatrix}.$$

L'algorithme LLL, nous donne une base réduite du réseau $\{b_1, b_2, \ldots, b_r\}$ telle que

$$|x| \geq 2^{-3/2}\|b_1\|.$$

On réécrit ici la proposition 3.1 de [TW89] appliquée à notre situation

Proposition 4.6. *Si* $\|b_1\| > 2^{3/2}\sqrt{11}B'_0$, *alors*

$$|\Lambda'| \geq \frac{1}{C}\left(\sqrt{2^{-3}\|b_1\| - 2B'^2_0} - 3B'_0\right).$$

En comparant ceci avec (4.14), *on obtient*

$$\Delta_1 \leq \left(\log\left(\frac{\kappa'C}{\sqrt{2^{-3}\|b_1\| - 2B'^2_0} - 3B'_0}\right)\right)^2.$$

On peut appliquer récursivement ce procédé jusqu'à obtenir une borne optimale.

Avant de passer à l'énumération de tous les cas possibles, nous devons discuter du choix de C. On doit trouver C tel que

$$\|b_1\| > 2^{3/2}\sqrt{11}B'_0. \tag{4.15}$$

On a d'un coté, le discriminant du réseau engendré par les colonnes de A est proche de C. D'un autre coté, les vecteurs de la base réduite sont "presques" de la même taille et de la même longueur de sorte que le discriminant du réseau est de l'ordre de $\|b_1\|^3$. Ainsi $C \approx \|b_1\|^3$. La condition (4.15) entraine que $\|b_1\|$ doit être légèrement plus grand que B'_0. Ainsi un choix possible pour C est $\kappa B'^3_0$ avec $\kappa = 10$. Si la condition (4.15) n'est pas vérifiée on recommence en multipliant κ par 10.

Dans la suite on notera $\mathcal{B}_1$ la borne réduite par cette méthode. En pratique 3 ou 4 étapes de réduction suffisent pour obtenir une borne optimale. Après cette étape la borne à été considérablement réduite, et n'est que de quelques centaines pour $\sqrt{\Delta_1}$. Par exemple pour la droite

$$41x + 21y + 27 = 0,$$

on obtient la condition

$$\sqrt{\Delta_1} \leq 89.$$

Remarque 4.7. La borne obtenue pour Δ_1 donne une borne pour a_1, a_2, a_3 dans l'expression de Λ'. En particulier, on a $a^4 \leq \frac{B^4}{9}$. On peut facielement énumérer les entiers a satisfaisant une telle égalité. Dans nos calculs nous avons dans le pire des cas obtenus,

$$1 \leq a \leq 10.$$

4.6 Enumération

Dans la partie précédente, nous obtenons une borne sur Δ_1. Cette borne est suffisamment petite pour pouvoir tester tous les cas possibles. Cependant, vu le nombre de tests à effectuer il est raisonnable d'essayer d'éliminer *a priori* certains cas. Pour les autres cas, nous présentons une méthode systématique permettant une énumération rapide.

Pour résumer, nous allons choisir $\Delta_1 \leq \mathcal{B}_1$, l'équation vérifiée par $(x_1, x_2) \in D$, nous donnera une bonne estimation de x_2. Puis par une résolution numérique on en déduit une approximation réelle de Δ_2/a^2. Enfin, par une approximation rationnelle nous en déduirons Δ_2/a^2.

Le point crucial est le contrôle de la précision, celui ci nous permettra à la fin de cette partie de nous assurer de l'exactitude des calculs.

Enfin, la dernière étape de cette partie consistera à calculer x_1 et x_2 avec les valeurs de Δ_1 et Δ_2 trouvées, puis de vérifier si

$$\alpha x_1 + \beta x_2 + \gamma,$$

est proche de zéro ou non.

Dans la suite, on note $\tilde{x}$ l'approximation du nombre réel x.

Soient $(x_1, x_2) \in D$ et Δ_1 inférieur à $\mathcal{B}_1$. On note $x_1 = j\left(\frac{c+\sqrt{\Delta_1}}{2}\right)$ calculé avec une précision ε, de sorte que

$$|\tilde{x}_1 - x_1| \leq \varepsilon.$$

On calcule alors x_2 grâce à l'équation de la droite avec une précision $\alpha\varepsilon/\beta$. On a alors trois possibilités à distinguer suivant la valeur de x_2. Tout d'abord si $0 < x_2 < 1728$, alors $|\tau_2| = 1$ et $0 < \text{Re}(\tau_2) < 1/2$. En utilisant la forme particulière de τ_2 (voir (4.1)) on doit avoir

$$0 < b < a, \quad \text{and} \quad \Delta_2 = (2a - b)(2a + b).$$

En utilisant la remarque 4.7, il ne reste qu'un petit nombre de cas à tester pour lesquels on connait a, b et Δ_2.

Si $x_2 \leq 0$ est négatif alors on a

$$\tau_2 = \frac{1 + i\sqrt{\Delta_2}}{2a}.$$

Si $x_2 \geq 1728$ alors on a
$$\tau_2 = i\frac{\sqrt{\Delta_2}}{2a}.$$
Soit N un entier positif, on rappelle le travail fait dans la partie 3.2. On note
$$j_N(\tau) = 1/q^{-1} + 744 + \sum_{i=1}^{N} c_i q^i,$$
où c_i désigne les coefficients du développement de j en série de Laurent et $q = e^{2i\pi\tau}$ est le paramètre local. On a alors par positivité des c_i
$$||j(\tau)| - |j_N(\tau)|| \leq \sum_{i=N+1}^{\infty} c_i |q|^i \leq \sum_{i=N+1}^{\infty} c_i |q_0|^i \leq j(\tau_0) - j_N(\tau_0), \quad (4.16)$$
où $\tau_0 = \sqrt{-3}/2$ et $q_0 = e^{2i\pi\tau_0}$. Par exemple, pour $N = 50$ on obtient une majoration de l'erreur de 1.06×10^{-83}. On note
$$\varepsilon_N = j(\tau_0) - j_N(\tau_0).$$
On note q et q' les solutions des deux équations suivantes
$$\begin{aligned} j_N(q) &= \tilde{x}_2 - \varepsilon - \varepsilon_N \\ j_N(q') &= \tilde{x}_2 + \varepsilon + \varepsilon_N \end{aligned} \quad (4.17)$$
On a alors $e^{2i\pi\tau_2} \in [q, q']$. On obtient alors
$$\frac{\sqrt{\Delta_2}}{2a} \in \left[\frac{\log|q|}{-2\pi}, \frac{\log|q'|}{-2\pi}\right],$$
et donc
$$\frac{\Delta_2}{a^2} \in \left[-2\left(\frac{\log|q|}{\pi}\right)^2, -2\left(\frac{\log|q'|}{\pi}\right)^2\right].$$
Soit $\eta = \left|2\left(\frac{\log|q|}{\pi}\right)^2 - 2\left(\frac{\log|q'|}{\pi}\right)^2\right|$.

En jouant sur l'entier N et sur l'erreur ε on peut rendre η aussi petit que l'on veut. L'idée maintenant est de dire que si η est suffisamment petit alors il ne peut y avoir qu'un seul nombre rationnel de dénominateur majoré par $\mathcal{B}_1/3$ dans l'intervalle considéré.

En effet soit r/s et r'/s' deux nombres rationnels distincts de dénominateurs $s, s' \leq \mathcal{B}_1/3$ alors
$$\left|\frac{r}{s} - \frac{r'}{s'}\right| \geq \frac{1}{ss'} \geq \frac{9}{\mathcal{B}_1^2}.$$

Supposons que η soit inférieur à $\frac{9}{2\mathcal{B}_1}$, alors si r/s est la meilleure approximation rationnelle de Δ_2/a^2 (que l'on calcule grâce aux fractions continues) vérifiant $s < \mathcal{B}_1/3$, alors si $\frac{r}{s} \in \left[-2\left(\frac{\log|q|}{\pi}\right)^2, -2\left(\frac{\log|q'|}{\pi}\right)^2 \right]$ on a

$$\frac{\Delta_2}{a^2} = \frac{r}{s}.$$

En effet, sinon $\left|\frac{\Delta_2}{a^2} - \frac{r}{s}\right| \geq \frac{9}{\mathcal{B}_1^2}$ et $\frac{r}{s} \notin \left[-2\left(\frac{\log|q|}{\pi}\right)^2, -2\left(\frac{\log|q'|}{\pi}\right)^2 \right]$.
Par exemple dans le cas

$$-54x - 89y - 352 = 0.$$

Prenons $\Delta_1 = 12$, avec $N = 50$ on obtient, $\eta = 3,33 \times 10^{-88}$. L'algorithme des fractions continues donne les approximations successives suivantes :

$$\frac{2}{1}, \frac{3}{1}, \frac{11}{4}.$$

La réduite suivante a des coefficients largement supérieurs à Δ_1. On vérifie que

$$\frac{11}{4} \in \left[-2\left(\frac{\log|q|}{\pi}\right)^2, -2\left(\frac{\log|q'|}{\pi}\right)^2 \right].$$

On pose alors $\Delta_2 = 11$ et $a = 2$. Enfin on a

$$|-54x_1 - 89x_2 - 352| \leq 10^{-455}.$$

On conclut à une solution en remarquant que $x_1 = 54000$ et $x_2 = -32768$ sont des modules singuliers entiers.

Dans le cas où, les modules singuliers sont entiers on vérifie simplement si un point très proche de D est solution ou non. Pour pouvoir conclure l'algorithme il nous reste à discuter de cette vérification dans les cas généraux.

4.7 Vérification

Dans cette partie on se donne Δ_1, Δ_2, a et les points x_1 et x_2 correspondant. On suppose que

$$|\alpha x_1 + \beta x_2 + \gamma| \leq \varepsilon \tag{4.18}$$

où ε est aussi petit que l'on veut.

Plus précisément, si l'on calcule x_1 et x_2 avec une erreur absolue de ε, alors l'erreur de $|\alpha x_1 + \beta x_2 + \gamma|$ doit être inférieure à $(|\alpha| + |\beta|)\epsilon$, si ce n'est pas le cas alors $(x_1, x_2) \notin D$. Ainsi on peut rendre aussi précis que l'on veut le calcul du terme de gauche de (4.18). De cette manière on écarte presque tous les cas en prenant $\varepsilon \leq 10^{-6}$. Pour les cas restants, on pense que $(x_1, x_2) \in D$. Dans cette partie on décrit une méthode nous permettant de l'affirmer.

Pour cela on va considérer le polynôme minimal de x_1 et x_2 qui n'est autre que le polynôme de Hilbert. Notons H_i le polynôme minimal de x_i. Nous avons discuté dans la partie 4.2 du calcul de tels polynômes. Nous verrons dans les exemples comment nous pouvons maîtriser les erreurs d'arrondis.

On a alors $H_i(x_i) = 0$, $H_i \in \mathbb{Z}[X]$ et l'idéal de $\mathbb{Q}[X]$ engendré par H_i est l'idéal
$$\mathfrak{I}_{x_i} = \{P \in \mathbb{Q}[X],\ P(x_i) = 0\}.$$

Si $(x_1, x_2) \in D$, on a
$$x_1 = \frac{-\beta x_2 - \gamma}{\alpha},$$
le polynôme $P = H_1\left(\frac{-\beta X - \gamma}{\alpha}\right)$ annule x_2 de sorte que
$$H_2 \mid P.$$

De plus, au vu de l'équation de D, x_1 et x_2 ont le même degré. Finalement on a
$$H_2 = c \times P,$$
où $c \in \mathbb{Q}$.

Inversement, si $H_2 = c \times P$, on a
$$H_1\left(\frac{-\beta X - \gamma}{\alpha}\right) = 0,$$
donc $(-\beta x_2 - \gamma)/\alpha$ est un des conjugués de x_1 et on obtient un point CM.

4.8 Algorithme et Calculs

Avant de donner les résultats obtenus, nous écrivons l'algorithme utilisé dans l'algorithme 5 page 136.

4.8. Algorithme et Calculs

Nous avons déjà étudié le cas

$$D : -54x_1 - 89x_2 - 352.$$

qui a conduit à une solution dans ce cas plus précisément, on trouve une borne $\mathcal{B}_0 \approx 1,5 \times 10^{45}$, une borne réduite conduisant à

$$\Delta_1 \leq 7706.$$

Finalement on trouve un point CM :

$$\left(j\left(i\frac{\sqrt{12}}{2}\right), j\left(\frac{1+i\sqrt{11}}{2}\right)\right) \in D.$$

Le temps de calcul étant d'environ huit secondes.

Intéressons nous maintenant à un cas légèrement plus complexe, soit D la droite d'équation,

$$70119x + 461312y - 254145600 = 0.$$

Le calcul de la borne de Baker donne $\mathcal{B}_0 \approx 2,25 \times 10^{46}$ et le calcul de la borne réduite impose

$$\Delta_1 = 10245.$$

Pour $\Delta_1 = 20$, on obtient

$$\begin{aligned} x_1 &= 1264538.9094751\ldots \\ x_2 &= -191657.832862\ldots \end{aligned} \qquad (4.19)$$

Finalement l'approximation par les fractions continues donne

$$\Delta_2 = 15, a = 2.$$

Le calcul donne alors avec une erreur de 10^{-7}

$$\left| 70119 \cdot j\left(i\frac{\sqrt{20}}{2}\right) + 461312 \cdot j\left(\frac{1+i\sqrt{15}}{2}\right) - 254145600 \right| \leq 10^{-7}.$$

On suspecte alors que l'on est en présence d'une solution. Pour le vérifier on calcule les polynômes de Hilbert de x_1 et x_2. On décrit le calcul de H_1, on a

$$H_1(X) = \prod (X - x_1^\sigma).$$

Algorithme 5 Recherche des points CM sur la droite $\alpha x + \beta y + \gamma = 0$

ENTRÉES: α, β, γ trois entiers tels que $\alpha\beta\gamma \neq 0$ et $\gcd(\alpha, \beta, \gamma) = 1$.
SORTIES: $x_1, x_2, \Delta_1, \Delta_2$ tels que $(x_1, x_2) \in \mathcal{D}$.
  Calculer κ
  Si $\alpha = -\beta$ **alors**
    $A = 6$
    Calculer
    $$C_A, B = \left(\frac{1}{\pi} \log\left(\frac{1}{2}\left|\frac{\gamma}{\alpha}\right| + C_A\right)\right)^2.$$
  Fin Si
  Si $\alpha = \beta$ **alors**
    Si $\gamma/\alpha \in \,]1488, 1523]$ **alors**
      $A = 6$
      Calculer C_A
      Tant que $2C_A \geq \left|\frac{\gamma}{\alpha} - 1488\right|$ **faire**
        $A = A + 1$
      Fin Tant que
    Fin Si
  Fin Si
  Si $\alpha \neq \pm\beta$ **alors**
    Calculer la borne de Baker B_0.
    Calculer la borne réduite $\mathcal{B}_1$.
  Fin Si
  Pour $\Delta_1 \leq B$ **faire**
    Énumérer toutes les possibilités et calculer $\tilde{x}_1$ et $\tilde{x}_2$ avec une précision $10^{-6} \left(\max(\alpha, \beta)\right)^{-1}$.
    Si $|a\tilde{x}_1 + b\tilde{x}_2 + c| \leq 10^{-6}$ **alors**
      Si $ax_1 + bx_2 + c = 0$. **alors**
        Retourner $(x_1, x_2, \Delta_1, \Delta_2)$
      Fin Si
    Fin Si
  Fin pour

Or les conjugués de x_1 sont les $j(\theta)$ où θ décrivent les racines dans le domaine

4.8. Algorithme et Calculs

fondamental $\mathcal{D}$ des polynômes de discriminant $\Delta_1 = -20$, L'algorithme 5.3.5 de [1] conduit à deux θ :

$$\theta = \tau_1 = \frac{i\sqrt{20}}{2}, \quad \theta' = \frac{-2+i\sqrt{20}}{4}.$$

On trouve alors

$$j(\theta) = 1264538.90947514.... \text{ et } j(\theta') = -538.909475140...$$

Pour obtenir le résultat de manière sûre il nous suffit de calculer $j(\theta) \cdot j(\theta')$ et $j(\theta) + j(\theta')$ avec une erreur strictement inférieure à $1/2$. Soient $\tilde{j(\theta)}$ et $\tilde{j(\theta)}$ les approximations respectives de $j(\theta)$ et $j(\theta')$ avec une erreur ε. On a alors

$$\left| j(\theta) + j(\theta') - \tilde{j(\theta)} + \tilde{j(\theta')} \right| \leq 2\varepsilon,$$

et

$$\left| j(\theta) \cdot j(\theta') - \tilde{j(\theta)} \cdot \tilde{j(\theta')} \right| \leq \left(\left| \tilde{j(\theta)} \right| + \left| \tilde{j(\theta')} \right| + \varepsilon \right) \varepsilon \leq (126400 + \varepsilon)\varepsilon.$$

Ainsi $\varepsilon = 10^{-9}$ suffit on trouve alors

$$\tilde{j(\theta)} \cdot \tilde{j(\theta')} = -681472000,0000002 \text{ et } \tilde{j(\theta)} + \tilde{j(\theta')} = 1264000,000000000.$$

D'où

$$H_1(X) = X^2 - 1264000X - 681472000,$$

en recommençant avec x_2 on trouve

$$H_2(X) = X^2 + 191025X - 121287375.$$

La substitution donne

$$H_1\left(\frac{-461312X + 254145600}{70119}\right)$$
$$= \frac{75759616}{1750329}X^2 + \frac{535999283200}{64827}X - \frac{12604506112000}{2401} \qquad (4.20)$$
$$= \frac{75759616}{1750329}H_2(X)$$

et finalement

$$\left(j\left(i\frac{\sqrt{20}}{2}\right), j\left(\frac{1+i\sqrt{15}}{2}\right) \right) \in D$$

Enfin les calculs pour $|\alpha|, |\beta|, |\gamma| \leq 10$, ne conduisent à aucun point de multiplication complexe. Pour aucun des cas nous n'avons eu à calculer le polynôme de Hilbert.

BIBLIOGRAPHIE

[ALV04] A. AGASHEN K. LAUTER, R. VENKATESAN, Constructing elliptic curves with a known number of points over a prime field, *Fields Inst. Commun* Vol. **41** (2004), 1–17.

[An98] Y. ANDRÉ, Finitude des couples d'invariants modulaires singuliers sur une courbe algébrique plane non modulaire, *J. reine angew. Math.* **505** (1998), 203-208. 11

[BD69] A. BAKER, H. DAVENPORT *The equations* $3x^2 - 2 = y^2$ *and* $8^2 - 7 = z^2$ Quart. J. Oxford (2), 20 (1969), 129-37.

[BDLT11] A. BAJOLET, B. DUPUY, F. LUCA AND A. TOGBE On the Diophantine equation $x^4 + q^4 = py^r$ *Publicationes Mathematicae Debrecen* **79** / 3-4 (2) (2011).

[BS12] A. BAJOLET, M. SHA, Bounding j-invariant of integral points on $X_{ns}^+(p)$, *arXiv :1203.1187v1. soumis*

[BH62] P. T. Bateman and R. A. Horn, 'A heuristic asymptotic formula concerning the distribution of prime numbers', *Math. Comp.* **16** (1962), 363–367.

[Ba10] B. BARAN, Normalizers of non-split Cartan subgroups, modular curves, and the class number one problem, *J. Number Th.* **130** (2010), 2753–2772.

[BBEL08] J. BELDING, R. BRÖKER, A. ENGE, K. LAUTER Computing Hilbert class polynomials. *Alf van der Poorten and Andreas Stein (editors)* :*Algorithmic Number Theory — ANTS-VIII Lecture Notes in Computer Science* vol. **5011**. Springer-Verlag, Berlin (2008), 282–295.

[BW98] M.A. BENNETT, B.M.M. DE WEGER, On the Diophantine equation $|ax^n - by^n| = 1$, *Math. Comp.* **67** (1998), 413-438

[Bi02] YU. BILU, Baker's method and modular curves, *A Panorama of Number Theory or The View from Baker's Garden* (edited by G. Wüstholz), 73–88, Cambridge University Press, 2002.

[BH96] YU. BILU, G. HANROT, Solving Thue equations of high degree, *J. Number Th.* **60** (1996), 373–392.

[BH98] YU. BILU, G. HANROT, Solving superelliptic Diophantine equations by Baker's method, *Compositio Math.* **112** (1998), 273–312.

[BH99] YU. BILU, G. HANROT, Thue equations with composite fields, *Acta Arith.* **88** (1999), 311–326.

[BH01] YU. BILU, G. HANROT, P. VOUTIER (with an appendix by M. MIGNOTTE), Existence of primitive divisors of Lucas and Lehmer numbers, *J. reine angew. Math.* **539** (2001), 75–122.

[BMZ12] YU. BILU, D. MASSER, U. ZANNIER, An effective "Theorem of André", for CM-points on a plane curve

[BP10] YU. BILU, P. PARENT, Runge's Method and Modular Curves, *Int. Math. Research Notes* **2011** 1997–2007.

[BI11] YU. BILU, M. ILLENGO, Effective Siegel's Theorem for Modular Curves, *Bull. London Math. Soc.*, to appear ; arXiv :0905.0418.

[Br73] R.P. BRENT, *Algorithms for minimization without derivatives*, Prentice-Hall International , 1973.

[St1835] C. STURM *Mémoire sur la résolution des équations numériques.* Inst. France Sc. Math. Phys. **6**,1835.

[Br07] R. BRÖKERA p-adic algorithm to compute the hilbert class polinomial. *Math. Comp* 2417–2435.

[Ch99] I. CHEN, On Siegel's modular curve of level 5 and the class number one problem, *Journal of Number Theory* **74**(1999), 278–297.

[1] H. COHEN A course in computational algebraic number theory (Third edition). *Springer - Graduate Texts in Mathematics* **138** (1996).

[CF91] A. COSTA, E. FRIEDMAN, Ratios of Regulators in Totally Real Extensions of Number Fields, *J. Number Th.* **37** (1991), 288–297.

[CH02] J.-M. COUVEIGNES, T. HENOCQ Action of modular correspondance aroud CM points *Algorithmic Number Theory Symposium.* **V** (2002)

[DS05] F. DIAMOND, J. SCHURMAN, *A first course in modular forms*, Gaduate Text in Mathematics **228**, Springer, 2005.

[En09] A. ENGE The complexity of class polynomial computation via floating point approximations.*Mathematics of Computation* **78** (266) (2009), 1089–1107.

[EKS11] I.S. EUM, J.K. KOO, D.H. SHIN A modularity criterion for Klein forms, with an application to modular forms of level 13 *Journal of Mathematical Analysis and Applications* (2011) 375 **1** 28–41.

[Ha00] G. HANROT, Solving Thue equations without the full unit group, *Math. Comp.* **69** (2000), 395–405.

[JS87] G.A. JONES, D. SINGERMAN, *Complex funcions, an algebraic and qeometric viewpoint*, Cambridge University Press, 1987.

[Ke85] M.A. KENKU, A note on the integral points of a modular curve of level 7, *Mathematika* **32** (1985), 44 – 48.

[Kh12] L. KHÜHNE, An effective result of André-Oort type, *Annals of mathematics* **179** (2012), 651 – 671. http://dx.doi.org/10.4007/annals.2012.176.1.13

[KL81] D. S. KUBERT, S. LANG, *Modular units*, Grund. Math. Wiss. **244**, Springer, New York-Berlin, 1981.

[KS10] J. K. KOO, D. H. SHIN, *On some arithmetic properties of Siegel functions*, Math. Z. (2010) 264 :137–177

[La73] S. LANG, *Elliptic Functions*, Addison-Wesley, 1973.

[Lo98] S. LOUBOUTIN, Upper Bounds on $|L(1,\chi)|$ and Applications, *Can. J. Math.* **50**(4) (1998), 794–815.

[LT10] F. LUCA, A. TOGBÉ, 'On the Diophantine equation $x^4 - q^4 = py^3$', *Rocky Mtn. J. Math.* **40** (2010), 995–1008.

[Ma00] E. M. MATVEEV, An explicit lower bound for a homogeneous rational linear form in the logarithms of algebraic numbers II (Russian), Izv. RAN, Ser. Mat. **64** (2000), 125–180; (=Izv. Math. **64** (2000), 1217–1269.)

[Ma77] B. MAZUR, Rational points on modular curves, Modular functions of one variable V (*Proc. Second Internat. Conf., Univ. Bonn, Bonn, 1976*), 107–148; Lecture Notes in Math.**601**, Springer, Berlin, 1977.

[MW96] M. MIGNOTTE,B.M.M. DE WEGER On the Diophantine equations $x^2 + 74 = y^5$ and $x^2 + 86 = y^5$, *Glasgow Math. J.* **38** (1996), 77–87.

[M86] G. MYERSON, How Small Can a Sum of Roots of Unity Be? *Am. Math. Mon.* **93**(6) (1986), 457-459.

[PW87] A. PETHO, B.M.M. DE WEGER,Products of prime powers in binary recurrence sequences. The hyperbolique case, with an application to the generalized Ramanujan-Nagell Equation, *Math. Comp.* **47** (1987), 713–727.

[Pari] PARI/GP, version5.0.1, http://pari.math.u-bordeaux.fr/, Bordeaux, 2011.

[RS62] J. B. ROSSER, L. SCHOENFELD, Lowell Approximate formulas for some functions of prime numbers, *Illinois J. Math.* **6** (1962), 64–94.

[Ro55] K.F. ROTH Rational approximations to algebraic numbers *Mathematika* **2**(1955) 1–20.

[SS58] A. Schinzel and W. Sierpiński, 'Sur certaines hypothèses concernant les nombres premiers', *Acta Arith.* **4** (1958), 185–208. Corrigendum, ibid. **5** (1960), 259.

[Sh14] M. SHA, *Explicit Bounds for Integral Points on Modular Curves*, Ph.D. thesis, in preparation.

[Sh71] G. SHIMURA, *Introduction to the arithmetic theory of automorphic functions*, Publications of the mathematical society of Japan **11**, Springer, Princeton University Press, 1971.

[Se72] J.P. SERRE, Propriétés galoisiennes des points d'ordre fini des courbes elliptiques, *Invent. Math.* **15** (1972), 259–331.

[Se97] J.P. SERRE, Lectures on the Mordell-Weil Theorem, 3rd edition - Vieweg Verlag, 1997.

[Si08] J.H. SILVERMAN, *The Arithmetic of Elliptic Curves*, Second Edition, Springer, Graduate Text in Mathematics **106** 2008.

[Si29] C. L. SIEGEL, Über einige Anwendungen diophantischer Approximationen, *Abh. Pr. Akad. Wiss.* (1929), no. 1. (=*Ges. Abh.* I, 209-266, Springer, 1966.)

[Si94] J.H. SILVERMAN, *Advanced Topics in The Arithmetic of Elliptic Curves*, Springer, Graduate Text in Mathematics **151** 1994.

[ST12] R. Schoof, N. Tzanakis Integral points of a modular curve of level 11, *Acta Arithmetica* **152** (2012), 39–49.

[TW89] N. Tzanakis, B.M.M. De Weger On the practical solution of the Thue Equation Journal of number theory **Vol 31**, No 2, February 1989.

[Wa82] L. C. WASHINGTON, *Introduction to Cyclotomic Fields*, Springer-Verlag, 1982.

[Wa00] M. WALDSCHMIDT Diophantine approximation on linear algebraic groups, transcendence properties of the exponential function in several variables. *Springer Verlag -Grundlehren der Mathematischen Wissenschaften* **326** (2000).

[Yu07] K. YU, P-adic logarithmic forms and group varieties III, *Forum Math.* **19** (2007), 187–280.

Oui, je veux morebooks!

i want morebooks!

Buy your books fast and straightforward online - at one of world's fastest growing online book stores! Environmentally sound due to Print-on-Demand technologies.

Buy your books online at
www.get-morebooks.com

Achetez vos livres en ligne, vite et bien, sur l'une des librairies en ligne les plus performantes au monde!
En protégeant nos ressources et notre environnement grâce à l'impression à la demande.

La librairie en ligne pour acheter plus vite
www.morebooks.fr

 VDM Verlagsservicegesellschaft mbH
Heinrich-Böcking-Str. 6-8   Telefon: +49 681 3720 174   info@vdm-vsg.de
D - 66121 Saarbrücken   Telefax: +49 681 3720 1749   www.vdm-vsg.de

Printed by Books on Demand GmbH, Norderstedt / Germany